同行推薦

本書如實描繪了工程管理的整體風貌。作者卡米兒針對每個職涯發展階段提供了許多具體實用的建議。領導下屬學習「管理」是技術領域經理人的一項重責大任，本書能助你揚帆啟航，領略工程管理的浩瀚。

這是一本幫助讀者暸解工程管理領域與拓展職涯的實用指南。

—— *Genacast Ventures* 駐點創業家、*Birchbox* 前技術長
Liz Crawford

卡米兒在第五章明確指出，「這不是一本廣泛適用所有人的管理學書籍，而是專門寫給工程經理的工具書。」我會毫不猶豫地把這本書推薦給軟體工程領域的所有從業人員，無論你身處什麼職級、無論你有沒有打算邁入管理職。

在軟體工程實務上，我們對「管理」避之唯恐不及、將這件事看作一種阻礙、甚至是屬於團隊中話語權最大者的獎勵。令人驚訝的是，人們或多或少都遇過糟糕的「管理（者）」，有時我們甚至必須奮力地拉他一把，才不至於被扯後腿。

卡米兒的書教我們如何有效地克服這項難題。她有著跟我們一樣的職涯起點——一個被管理者，並一步一腳印地朝高階管理職晉升。

卡米兒是工程領域中的模範領袖，她的建議既實用且深刻。我很開心能讀到這本書，如果時間能重來，我甚至希望在職涯初期就讀到它。

—— *Blink Health* 工程副總裁、*Etsy* 前技術長
Kellan Elliot-McCrea

卡米兒對於工程領導實務的觀察與洞見總是給我無數啟發。這是一本適合所有經理人的實用秘笈，不僅告訴你如何完美完成份內工作，更教你如何精益求精，找出對組織與團隊的最佳解決方案。我誠心推薦所有在管理之路上奮鬥的人閱讀此書。

——*Skyliner* 執行長、*Stripe* 與 *Etsy* 前工程副總裁
Marc Hedlund

經理人之道
技術領袖航向成長與改變的參考指南

The Manager's Path
A Guide for Tech Leaders Navigating Growth and Change

Camille Fournier 著

沈佩誼 譯

O'REILLY®

To CK

致謝

特別感謝我的編輯，Laurel Ruma 與 Ashley Brown，在他們的鼎力協助下，我這位菜鳥作者沒有揮灑過量血淚就完成了本書。

謝謝 Michael Marçal、Caitie McCaffrey、James Turnbull、Cate Huston、Marc Hedlund、Pete Miron、bethanye Blount 與 Lara Hogan，與我和讀者們分享了許多跟領導力相關的小故事。

謝謝所有在創作過程中不吝提供寶貴建議的人們，包含 Timothy Danford、Rod Begbie、Liz Crawford、Cate Huston、James Turnbull、Julie Steele、Marilyn Cole、Katherine Styer 與 Adrian Howard。

特別感謝我的合作夥伴 Kellan Elliott-McCrea 提供了諸多管理上的智慧。也感謝 CTO Dinner 友人們多年來意見交流，其中許多的意見都成為本書的養分。

感謝我長期以來的教練 Dani Rukin，謝謝你幫助我跳出框架思考，並鼓勵我擁抱好奇心。

最後，感謝我的先生 Chris 與我的日常辯論，這形塑了本書中最為棘手的幾個篇章。他的洞見與修改建議幫助我成為現在的樣子。

推薦序

技術工作者最重要的課題之一

很高興看到這本為 IT 跟技術背景工作者而寫的管理書籍，過去幾年我一直跟同為技術管理者的好朋友們討論如何為台灣的技術管理者提供更好的學習與交流資源，看到《The Manager's Path》繁體版的出版，真的覺得很高興。這本書談論的場景有許多都是過往我自己親身經歷過的，讀起來備感親切。

剛出社會時，我就是個徹頭徹尾的工程師，中間經歷了擔任專案經理、Tech Lead、架構師、產品經理等多種與技術開發相關的角色。職涯的早期，我只要專注的做好技術性工作就好，我喜歡研究新技術，也很喜歡解決難解的問題，所以我在工作中獲得了一定的成就感，而我的技術專業也在過程中獲得了很大的提升。

因緣際會之下，在出社會的第二年，我被升為了 Tech Lead，開始帶領一個 4 人的小團隊，而這也是我職涯上一個很重要的轉捩點。過去，我只要專注搞定我的任務就好，但現在，我得同時關注整個團隊的目標與任務；過去，我最棘手的問題就是要解決那些別人搞不定的技術問題，但現在，我得優先思考工作夥伴們的成長。

技術問題，你可以透過 debug 慢慢找解答，也可以在各論壇或者書籍中找到答案，而擔任 Tech Lead 後，我面對的是人的問題，是團隊的問題，我一時之間沒了標準答案，也沒有一個 SOP 讓我慢慢 debug 把問題找出來，我適應了好一陣子才端正了自己的心態，並在主管的指導下獲得了以下幾點啟發：

首先，管理與領導是一門專業，不是單純的與人為善。而 Tech Lead 是一個技術與管理職務的綜合體，在技術專業之外，我得學習領導與管理的專業。

其次，作為 Tead Lead 不應該忽略技術專業上的提升，而是需要提升在技術思考上的維度，從單純的「解決一個技術問題」提升到「讓技術創造效益」，很多人在成為 Tech Lead 後就不碰技術，我覺得這是個錯誤，這樣的人很容易在一段時間後感覺自己不上不下。但為了同時顧好兩邊，花更多的時間提升自己也是在所難免的。

第三，不論你未來是否打算往高階管理職務發展，帶團隊都是必要的歷練。我扮演 Tech Lead 兩年後的下一個任務是做新產品的產品經理兼技術架構師。先前帶領團隊的經驗，對於我後來扮演好技術架構師的幫助很大，因為所有的高階職務，核心任務都是把事情搞定。而要搞定一件複雜的事，例如架構設計到落地，或者把產品開發出來，你一定得跟很多人溝通協作，如果不懂得帶領團隊，那肯定搞不定的。

其實，所有高階的職務，都需要領導技能，資深的總會帶資淺的，專業能力強的總需要指導後進者，否則你只能孤軍奮戰，這是這本書中反覆提到的觀念，與我的認知完全一致。

這本書將技術管理工作會遭遇到的種種問題，從技術債、團隊帶領、招募、績效考核、橫向部門溝通、向上管理，乃至於技術人的職業發展路徑都做了一定程度的剖析。我會特別推薦這本書給從事技術相關工作的所有朋友，不論你是技術管理者或工程師，這本書談到的實務場景跟觀念一定都會對你有莫大幫助。

過去這幾年，我在技術社群中也不斷鼓勵技術工作者應該多了解公司的業務運作，多多學習商業思維，讓自己的思考維度拉高，深入的去了解你寫的程式、開發的系統，到底解決了哪些問題，創造了哪些價值。畢竟所有專業的價值都在於解決問題，無法創造商業價值的技術，在組織內是很難獲得他人認可的，而你跟團隊的價值，自然就很難受到重視。

科技與技術的重要性在未來會與日俱增，如何提升自己思考的維度，學習如何帶領團隊，如何平衡人與事，如何創造價值，這將是所有技術工作者最重要的課題之一。

—— 商業思維學院院長
游舒帆（*Gipi*）
https://bizthinking.com.tw/

推薦序

軟體研發者的隨身職涯教練

研究所時期，身為實驗室的師兄，我必須帶領學弟妹完成各種公民營機構的合作計畫案。那是我第一次接觸到「領導技術團隊」這件事——這件學校不會教的事。

後來，在新創圈打滾，陸續經歷了小工頭、技術負責人、部門主管等身分轉變，甚至也有機會從事跨部門、跨團隊的 Scrum master 及變革推動者。資歷增加，守備範圍不斷擴大，一路走來，跌跌撞撞在所難免。遇到挫折時，不免自問：這真的是我想走的路嗎？我不能只當單純的個別貢獻者（individual contributor）就好了嗎？

沒有 mentor 在身邊，得向書籍求教。

書架上不乏與經理人職涯發展的忠告。針對經理人與個別貢獻者兩種職涯路線的分野，《彼得 杜拉克的管理聖經》如是說：

> 專業人員和經理人一樣，同時肩負「工作」和「團隊運作」的責任。差別：經理人必須為成果負責，因此他必須為別人的工作負責。個別專業貢獻者無論採取單獨工作方式，或是團隊的一分子，也為成果負責，但只為自己的工作成果負責。唯有當其他人了解他的工作成果，並且能運用他的工作成果時，他的工作才能發揮功效。

> 但是，優秀的專業人員往往不是傑出的管理人才。原因不見得在於專業人員寧可獨自工作，而是他們通常很厭煩行政作業。優秀的專業人員往往對行政管理人員缺乏敬意，他欽佩的是在專業領域中表現比他優秀的人。

企業需要的是為個別貢獻者提供一條與管理職位平行的升遷管道。這些新升遷機會的聲望、重要性和地位應該和傳統管理職位沒有兩樣。專業人員的上司應該有能力協助、教導、指引屬下，他和專業人員的關係應該好像大學的資深教授與年輕教授之間的關係，而不是從屬關係。

至於經理人路線，針對一般領域的經理人，《經理人的一天：明茲伯格談管理》如此提醒：

只會**溝通**的管理者，從來不會完成任何事情；只會**行動**的管理者，最後是一人包辦所有事物；只在乎**掌控**的管理者，可能下面只剩一些唯命是從的馬屁精。

有效的管理者不會在各個角色之間保持完美的平衡，他們雖然無法忽視某些角色，但可以偏向其中幾個角色。管理工作的關鍵在於，把管理的所有面向融入這種動態平衡中。

進一步，針對技術領域的經理人，《領導者，該想什麼？》提出犀利的拷問：

我能一面當領導者，一面繼續提升我的技術能力嗎？一個毫無技術背景的人，有可能在技術界成為領導者嗎？一旦成為領導者，我必須犧牲多少技術專業能力？我能得到多少回報？

諸位大師所言極是。不過，資質駑鈍如我，難以直接將如此泛化的建議轉換到軟體技術領域。畢竟在我們這個領域裡，技術深度與廣度皆日新月異，技術選型更迭頻繁，更講究組織扁平以迅速應變，因此，過去那些針對一般領域、甚至一般技術領域的職涯分化發展通則，未必能夠不假思索直接套用到軟體技術領域。

我更期待看到具體建議，而且是專門針對我們這個軟體技術領域
而提出的具體建議：

- 軟體研發者，在不同的職涯階段，對於**溝通**、**行動**、**掌控**
  三個面向，各該保持哪一種動態平衡狀態？

- 軟體研發者，在不同的職涯階段，對於軟體技術能力，該
  追求或維持到什麼程度？又該如何做到？

- 軟體研發者，面對「經理人」與「個別貢獻者」兩條路線，
  是否只能二選一？是否都是單行道？

這類疑惑，沒有 mentor 在身邊，實在難以解決。

因此，當我看到 Camille Fournier 寫的這本書，以她從軟體工程
師開始，一路做到 CTO，甚至避險基金公司常務董事的豐富經
驗，直言不諱道出具體觀點，不禁擊節讚嘆。

> 這不是一本廣泛適用所有人的管理學書籍，而是一本專
> 門寫給工程經理的工具書。工程管理是一門技術學科，
> 而不是僅僅一套帶人心法。

譬如說，對於尚處於非正式的技術負責人階段，她建議要專注
在：透徹瞭解架構、注重團隊精神、領導技術決策、溝通。到了
更正式的工程經理階段，她建議，除了必須增進人員管理技能，
萬萬不可忘記繼續維持技術敏銳度：

> 從我的經驗來看，絕大多數工程部門管理的挑戰都在
> 「工程」與「管理」的交集處。人事管理不容易，我不
> 會低估處理人際關係的挑戰，而這些與人打交道的能力
> 在各行業都吃得開。
>
> 然而，工程部門管理的挑戰並不僅止於人員管理的面向。
> 我們管理的是一群技術人員，且我們之中大多數人來自
> 技術專家的職位。我決不會建議非技術專業背景人員管

理工程部門！在技術上長年累積的專業有助於獲得團隊的信任，並幫助你領導團隊做出高效決策。當你努力成為一名成功的工程主管，不要低估技術能力的價值。

點出「維持技術敏銳」的重要性之後，她也建議初階技術主管可以這麼做：

當然，你要學會平衡的藝術。當你轉換跑道到管理職時，維持技術敏銳可能是一項艱鉅挑戰。然而，在管理團隊的這個階段，假如你不再維持對程式碼的敏銳度，你將面臨在職涯發展中過早和技術脫節的風險。雖然你日後打算走管理職，但這也不代表你應該放棄技術責任。事實上，我在關於 *Engineering Lead* 的職位描述中特別提過，希望這個職位的經理還要負責交付小功能並修復 *bug*。

可悲的是，某些公司實際上並沒有開出「有一點時間開發程式碼的經理」的職缺。我的建議是繼續維持對技術的敏銳度，直到你真的認為自己夠懂程式碼和系統設計等領域，再決定你是否想轉換到管理職。一旦和程式碼說了再見，重新回到程式碼的懷抱將格外困難。更有甚者，假如你過早與技術脫節，可能會因為技術專業積累的不足，而無法朝更高的管理階層邁進，最終只能止步於中階主管職。

對於逐漸升到類似工程總監位子的人，她也提出具體建議以盡可能維持技術敏銳度：

幸運的是，對我們來說，還有幾個不需要碰大量程式碼的辦法幫助我們保持手感。對於二級審核人員來說，程式碼審查就是個好方法。假如你更親力親為地建立系統，請繼續關注這些系統，因為你會比大多數人更能牢記技術細節，可以透過程式碼審查和提問來幫助為這個系統工作的工程師。

最後，即使你不大算寫太多 *code*，我也強烈建議你每週至少有一個完整的半天時間，不要安排任何會議或其他工作，專注在一些富有創造性的追求，比如撰寫關於技術的部落格文章、準備科技大會的演講內容，或者參與一個開源專案。

針對軟體技術領域，「經理人」與「個別貢獻者」兩條路線的取捨，她的觀點是：

一定要記得你有權利更換職涯跑道。人們通常會在某個時候嘗試管理職，然後發現他們不喜歡當主管，兜兜轉轉回歸技術職位。走上管理職，你不是不能回頭，但記得睜大眼睛去嘗試。每個職位角色都有各自的優缺點，自己親自去感受最適合你的那一種。

她也建議如何引導下屬對「經理人」與「個別貢獻者」兩條路線進行探索：

在人們夠格被升職到資深工程師或更高的職等之前，鼓勵他們累積管理或指導經驗。對於大多數公司來說，管理職和技術職的分岔點應該是人們開始展現領導力的階段，無論這個領導力是管理人員還是設計軟體。即便人們負責設計軟體，也會面對人與人之間的互動與需求；出類拔萃的資深個人貢獻者也知道如何管理專案和指導團隊中佔比更多的菜鳥／初階工程師。你可以考慮將指導經驗作為資深個人貢獻者的升職條件。

以上是我從書中信手捻來的幾則精闢見解，書中還有更多精彩內容待你發掘。

我認為，身為軟體研發從業人員，只要你不是自雇者，只要你想在軟體研發組織內，統合團隊力量做一番大事，都值得細讀此書，把此書當作軟體研發者的隨身職涯教練：覆盤總結自身經驗，解決當下問題，凝聚團隊，培訓優秀下屬，並替未來道路預做準備。

這將是能陪伴你很久的一本書。

──敏捷魔藥師

葉秉哲（*William Yeh*）

前言

2011 年，我加入了一家名為 Rent the Runway 的小型新創公司。這對我而言是一個重大的職涯轉折，從在大公司中負責大型分散式系統的開發工作，跳到專注於打造優質客戶體驗的迷你工程團隊。促使我跳槽的原因是，我認為 Rent the Runway 的商業點子十分高明，而且我渴望領導團隊的機會。我深信有了 1% 的幸運與 99% 的汗水，我就能得到朝思暮想的領導力經驗。

後來的發展，我始料未及。我以經理的頭銜加入 Rent the Runway，但我實際上沒有管理任何團隊。名義上是工程總監，實際上更像是一個技術負責人（tech lead）。如同在新創公司中常見的情境，我被期待能幹出一番大事，但我得自己弄清楚「大事」是什麼。

接下來四年，我的角色從管理小團隊升級成主管所有工程部門的技術長（CTO）。我的個人能力隨著團隊規模逐漸擴張而有所成長。我有導師、教練和朋友向我提供寶貴的建議，但是從沒有人能具體告訴我該怎麼做。這一路上沒有任何安全網，而且學習曲線十分險峻。

當我離開這家公司時，我發現自己非常渴望分享這幾年的職涯經驗，我也想追尋自己的創作之路。於是我參加了「全國小說寫作月」（National Novel Writing Month），這是一個在三十天內創作五萬字的寫作挑戰。我試著寫下這四年來學習到的所有心得，包括我對於成功與失敗的自身經驗與觀察。這項挑戰最終成為了本書。

本書章節架構依照工程師晉升為經理人的職涯路徑階段來編排。從導師，直到高階經理人，我嘗試點出每個階段的核心職責與經

驗教訓。沒有一本書能涵蓋所有細節，我的創作理念是讓讀者專注於自己相關的職級，而不是被與現階段職責無關的細節淹沒。

從我的經驗來看，絕大多數工程部門管理的挑戰都在「工程」與「管理」的交集處。人事管理不容易，我不會低估處理人際關係的挑戰，而這些與人打交道的能力在各行各業都吃得開。如果你想專注於提升人員管理的能力，我會推薦類似《首先，打破成規——八萬名傑出經理人的共通特質》（*First, Break All the Rules*）[1] 的管理書籍。

然而，工程部門管理的挑戰並不僅止於人員管理的面向。我們管理的是一群技術人員，且我們之中大多數人來自技術專家的職位。我決不會建議非技術背景人員管理工程部門！在技術上長年累積的專業有助於獲得團隊的信任，並幫助你領導團隊做出高效決策。本書許多部分專門探討管理工作對技術背景人員的挑戰。

工程管理實非易事，採取適當的策略有助於減輕工作負擔。不論你是剛剛啟程的管理新手或身經百戰的經理人，我希望閱讀本書能對你在工程管理的工作上有所啟發。

如何閱讀本書

本書的章節依照管理工作的複雜程度而編排。第一章描述了管理的基本功，以及對經理人的基本期待。接下來兩個章節聚焦在導師（mentor）與技術負責人（tech lead），這兩個角色在管理職涯上十分關鍵。對已有管理經驗的的讀者來說，這幾章或可做為管理下屬的參考。第三至第六章分別探討人員管理、團隊管理、多團隊管理與如何管理經理人。第八章是管理職涯的最終章，旨在討論高階經理人職務角色。

1　Marcus Buckingham and Curt Coffman, First, Break All the Rules: What the World's Greatest Managers Do Differently (New York: Simon & Schuster, 1999).

對於新手經理人，閱讀前面的三到四個章節或已足夠。當你邁入新的階段，開始面對更大的挑戰時再閱讀本書即可。經驗老道的讀者，則可以專注閱讀令你感到棘手的職級／章節。

有三個主軸穿插全書：

請教 *CTO*

　　這些篇幅探討在不同職級中常常重複出現的議題。

好主管，壞主管

　　這些篇幅討論了工程經理在管理團隊時常見的缺失或盲點，並提供了一些策略，幫助讀者找出並克服這些壞習慣。這些缺失或盲點並不囿於特定章節或職級，我盡量將其放在最相關的章節中。

挑戰

　　從第四章開始，我開始探討在工作中可能遇到的挑戰。同樣地，這些挑戰並不囿於特定章節或職級，我盡量將其放在最相關的章節。

第九章帶有一點自由發揮的意味，本章受眾是那些試圖建立、改變或提升團隊文化的有志之士。儘管我的視角來自新創公司的工程管理者，但其中許多要點應該也有助於那些即將加入新公司，或想要提升公司文化與流程規範的人們。

這本書不只是一本啟發讀者的領導力著作，我希望它是一本對得起 O'Reilly 出版理念的書籍，就好比 Programming Perl 一樣，讓人在職涯不同階段都能做為參考的著作。因此，請將這本書視為工程管理人的實戰手冊，在管理之道上助你一臂之力。

目錄

管理入門課

> 管理的獨門秘訣就是讓討厭你的人遠離那些尚未下定
> 決心的人。
>
> ——CASEY STENGEL

翻開本書的你,內心一定充滿成為好主管的渴望,但你知道優秀經理的特質嗎?你曾經遇過好主管嗎?如果有人邀請你坐下來,好好聊一聊你對優秀經理人的期待,你能夠流暢地回答這個問題嗎?

對主管的期待

所有人的「管理」初體驗,都是在桌子的另一頭開始的,形塑個人管理哲學的基礎都是從「被管理」的經驗中累積而來。不幸的是,我發現有些人在他們的職業生涯中,連一位好主管都沒有遇過。我的朋友說他們遇過最棒的主管是採用「善意忽視」法來管理他們。工程師大概知道要做哪些工作,而他們的主管採取放任政策,讓他們自求多福。我聽過最極端的例子是,在六個月的時間裡,有個人說他只見過主管兩次,其中一次還只是為了討論升遷。

當你將其他管理哲學列入考量後,其實「善意忽視」並不是那麼糟糕。有一些疏於職責的主管無法在你需要幫助時現身,他們經常忽視你,將你的需求放在一旁。他們逃避和你開會,拒

絕給你建議或回饋，只會突兀地告訴你，你的績效不達預期，無法晉升。當然，另一派「逢事必管」的經理會質疑你所做的每件事情，對細節吹毛求疵，拒絕讓你自己做出任何決策。那些主動找你麻煩的主管大概是最糟糕的，他們平常總是漠不關心，直到突然對你大吼大叫。可悲的是，以上提及的各種主管都在公司裡橫行無阻，對各自團隊成員的精神健康造成嚴重危害。

當你體認到公司裡的主管不外乎這幾類之後，那種對你採用放任政策，除非特別尋求幫忙，否則大部分時間都不會打擾你的經理，其實一點也不糟。

話雖如此，其實這世上還是有優質主管存在。關心你個人近況、積極幫助你的職涯發展、教會你關鍵技能並不吝給予建議回饋的主管。幫助你應對困難局面的主管、引導你找出你需要學習的東西的主管，以及衷心期待有朝一日你能接下位子的主管。更重要的是，幫助你釐清最重要的焦點所在，並且幫助你全力以赴的主管。

至少，為了讓你和你的團隊維持正軌，你會期待主管根據情境需要執行一些任務。釐清你自己對主管有什麼期待之後，你可以開始向他開口，請求幫忙。

一對一會議

與你的直接主管進行一對一會議（1-on-1）是良好工作關係的基本特徵。然而，許多經理對這些會議視而不見，或者他們會認為這是在浪費工時。良好的一對一會議對人的影響是什麼？

它有兩個主要目的。首先，一對一會議能建立你和主管之間的人際關係。這不代表你在整個會議裡對興趣愛好或家庭滔滔不絕，或者只聊週末做了些什麼。但是讓你的主管稍稍進入你的生活是很重要的，因為一旦壓力事件發生（比如喪事、新生兒、分手情傷、住房困難等），假如你的主管對你個人有所瞭解，向他請假

或告訴他你的需求，這件事情會容易得多。一位優秀的管理者會注意到你的工作精力發生變化，並且會主動關心你的近況。

我在工作上算不上和同事「稱兄道弟」的人。我覺得點出這個事實有其必要，因為有時我們會因為個性內向或者不想在工作中交朋友而忽略給予同事最基本的關心。也許你會認為我是喜歡結識職場朋友的那一類人，所以我永遠不可能明白你的感受。不過，我向你保證：我非常理解你並不認為職場人際關係能有多麼有趣的看法。然而，性格內向不能作為不真誠對待他人的藉口。人際關係是打造強大團隊的基石，良好的人際互動是建立互信的先決條件。而真正的信任，是敢於在對方面前展現脆弱的意願和能力。所以，好的主管會真誠待你，清楚知道你在工作之外還有個人生活，因此在和你聊工作之前，他願意花幾分鐘關心你的生活近況。

一對一會議的另一個存在意義是，給你一個和經理定期碰面的機會，讓你和他私下談談任何需要討論的事情。你應該期待這個會議的安排有一定程度的可預期性，這樣你就能提前做些規劃，因為完全控制會議走向和討論事項並不全是你主管的任務。也許有時主管會主導會議，但在一對一會議開始前，稍微考慮一下你們可能真正想要討論的內容，這麼做的好處多多。如果主管不會定期和你開會，或者經常取消或更改你們的一對一會議，其實你很難規劃在會議中想討論的東西。你可能不想定期參加一對一會議，也可能每隔幾週才想和主管開一次會。這樣當然沒問題，只要你不要徹底將一對一會議排除於生活之外。在你需要的時候把握這些會議，如果你發現你需要更頻繁地和主管開會討論，記得要主動提出需求。

對大多數人來說，良好運作的一對一會議並不是那種例行的進度報告。如果你是向資深管理層匯報工作的經理人，你當然能善用一對一時間來討論關鍵專案的進度，或是仍處於初期階段的專案，這類專案的細節可能尚未研議或定案。如果你是個人貢獻

者（Individual Contributor），僅僅在一對一會議上回報工作進度，等同於重複同一個話題，有時候可能很枯燥。如果你的一對一會議不過是無聊工作進度的義務性回報，可以試著用 email 或聊天室留言來解放會議時間，或者在會議中加入一些關於你個人的話題。

我鼓勵你和你的主管一起分擔一對一會議的責任，共同打造良好運作的工作關係。事先列出你想討論的事情。會議時間由你安排。假如你的主管習慣性取消或重新安排會議時間，敦促主管找出一個更不易干擾的時段，假如情況不允許，那麼在前一天或當天早上向主管確認你將與他會面，並和他分享你有興趣討論的任何事情，讓他知道你的會議需求。

回饋和工作場域指南

對主管的第二項期待是接收回饋。雖然績效考核也是回饋的一部分，但我不僅僅指績效評估。人非完人，在工作上不可避免地會搞砸某些事情，如果你遇到的是一位好主管，那麼他將會很快讓你知道哪裡出錯了。這時你就要難受了！特別是對於那些初入職場的人來說，除了父母，他們不習慣從任何人口中獲得關於他們所作所為的意見回饋，這可能會是一項非常令人沮喪的體驗。

不過，你確實想得到這樣的回饋，因為比得到回饋更糟糕的是完全得不到任何回饋，或者只在年終績效評估中得到回饋。越早知道自己的壞習慣，就越容易及時改正。這也是獲得表揚的不二捷徑。好主管會注意到你在日常工作中做得很好的一些小事，並且因此表揚你。留心並追蹤這些意見回饋，無論好壞，在你要寫年度自我回顧的時候一定能派上用場。

在理想情況下，從主管那兒得到的回饋，如果是表揚的話應該會公開，如果是批評的話，那將只發生在你與主管的私人談會。如果你的主管在會議後立刻抓住你，給你批評性的回饋，這並不一定代表你搞砸了一切。優秀的經理知道，快速傳達回饋比等待時

機再說點什麼還要更可貴。公開表揚被公認為是最佳做法，這有助於經理讓每個人都知道有人做了值得稱讚的事情，透過公開表揚來強化正面的行為。如果你不喜歡公開表揚的方式，請告訴你的主管！如果主管事先問過你的意願當然最好，但如果他／她沒問，你也無需默默忍受。

你可能想從主管口中得到其他回饋。如果你準備發表一份簡報，可以請他幫忙檢查內容並提出修改建議。如果你寫好一份設計文件，她應該能和你分享哪些地方值得改進。身為工程師，我們主要從工程師同事那裡獲得關於程式碼的意見回饋，但是除了寫 code 以外你還有其他工作要做，你主管的角色是為你提供資源，幫助你改善這類事情。向主管尋求建議也是表明你尊重他／她的絕佳方式。人們喜歡「被需要」的感覺，喜歡樂於助人，經理們也不能倖免。

關於你在公司裡的角色，你的主管必須成為你的頭號盟友。如果你所在的公司具備既定的內部升遷規範，和你的主管坐下來好好談一談，向她詢問該專注哪些領域來爭取晉升機會，如果你正在積極尋求升職，這麼做絕對大有幫助。如果你和組上成員或其他團隊的人在工作上遇到問題，那麼你的主管應該陪你一起度過難關。在必要的時候，她可以和其他成員或團隊一起協助你解決問題。前提是要勇於開口。如果你沒有開口要求升職加薪，那麼不要指望主管心血來潮幫你升職。如果你對某個成員有所不滿，除非你讓她注意到這個問題，否則你的主管可能不會採取任何作為。

如果主管能夠判斷並分派有助於我們成長和學習新事物的拓展專案時，那感覺真的很棒。除了分派拓展專案，好的主管還會幫助你理解你正在做的工作的核心價值，即便工作內容並不有趣或迷人。你的主管應該展示你手上的工作如何符合團隊目標，幫助你在日常工作中找到目標感。一旦明白你的工作對公司的成功有所貢獻，就連最平凡的工作也能成為自豪的泉源。

隨著你在職場越久，越來越資深，你接收到的個人回饋，無論是好是壞，都可能越來越少。你負責的業務層面變得更高，而你的主管可能位於業務的最高層。你可以預期在這個階段，回饋的類型從個人提升到團隊或策略相關的建議回饋。更重要的是，隨著你的職位越升越高，你應該要對一對一會議更游刃有餘，主動向上司提出想要討論或接收回饋的話題，因為除了績效考核以外，你的主管不太可能在這些會議上投入太多時間。

培訓和職涯發展

身為你和公司官僚體系之間的主要聯絡人，主管有責任幫助你找到職涯發展的培訓和其他資源。這可能是幫助你找到要參加的年會或課程，幫助你找到需要的書，或者為你聯繫公司內能夠幫助你學習成長的專家人士。

經理有著「為下屬提供指導和培訓」的職位角色，但這並不是一個舉世皆然的期待。在某些公司裡，這些資源由專門的培訓部門管理，員工可以直接聯絡該部門。有些公司規模太小，沒有可用於培訓的充足資金，或者公司管理者認為這不是應該提供給員工的必要津貼。

無論你為哪一種公司工作，在很多情況下，你要負責找出你所需要的培訓內容。對於追求提升技術的個人貢獻者來說尤其如此。你的主管手邊不太可能隨時有一份有趣的技術大會或培訓機會的清單。

主管為你的職涯發展做出直接貢獻的另一種方式是助你升職，或許還有加薪。如果你的公司有既定的升遷制度，那麼你的主管會以某種方式參與其中。如果是透過委員會決定晉升人選的公司，你的主管將在你準備申請文件的過程中提供指引，這些文件將會交予委員會審查。如果是由主管或管理層決定升遷與否，那麼你的直屬上司將在為你爭取升職和獲得批准方面發揮重要作用。

不論升職方式為何，你的經理都應該清楚你是否有資格獲得晉升。如果你有心升職，請向你的主管詢問為了爭取升職機會，你應該投入心力到哪些具體領域，主動發問是非常重要的。主管通常不能保證你一定能成功升職，但好的主管知道公司體系需要什麼樣的人才，也能幫助你取得必要技能和成就。不過，基本上到此為止。在更高職級的工作中，升職機會更加稀少，你的經理可能需要你自行探詢並提出能讓你夠格擠進下一個職級的成就。

請教 CTO：野心勃勃

我是剛步入職場的新鮮人，我的終極職涯目標是有朝一日成為一家公司的技術長（CTO）。現在的我應該做些什麼來達成這個目標呢？

首先你要學習的第一件事是學習「工作的方法」。也許你早就知道了，但我剛從大學畢業時，我對「將工作做好」這件事還是懵懵懂懂。因為技術工作的日常和學術環境非常不同，你會在成為工程師的過程中學到一大堆新事物。我的具體建議是尋找一個能夠提供指導和培訓的職場環境，幫助你學習如何做好工作（例如測試、專案或產品管理，以及協同合作），同時學習新的技術能力。為自己打造強大的技能基礎，因為你需要這些能力讓自己邁向成功。

我也建議你盡可能找到最優秀的經理和導師，從旁觀察他們如何工作。試著為這樣的人工作，那些督促你往成功的方向努力、願意獎勵你的成就、激勵你發展潛能的人。你必須體認到：開發自我潛能不僅僅是學習新的技術：優秀的技術長除了擁有良好的技術能力之外，還具備了強大的溝通技巧、專案管理技能和關於產品的深刻認識。話雖如此，你也必須投入大量時間去編寫程式碼，認真地瞭解高品質的程式碼是怎麼產生的。這大概需要多年的投入與累積，切勿急於求成，操之過急。

此外，我也鼓勵你去拓展和建立強大的同儕人脈。位於職涯早期的工程師經常不理解的一件事是，現在的同事在未來可能會成為他們未來的工作對象。這個同儕群體包括你的同學、小組同事，甚至是在科技大會或活動上認識的人。個性有點害羞不傷大雅，但是大多數技術長必須學會如何和各式各樣的人往來應對，並在公司之間建立強大的人脈關係。

最後一個重點是，大多數技術長的所屬公司都是小公司。他們經常是新創企業的聯合創辦人。如果你想走這條路，最好的辦法是選擇具有以下特徵的公司，這類公司通常有著旗下員工出走，去創立新公司的記錄。在這種公司裡，你可能會遇到未來的共同創辦人，探索早日加入新公司的機會。

如何被管理

成為優秀主管的其中一項任務是，先搞清楚如何「被管理」。儘管概念上有些雷同，但這和「向上管理」並非如出一轍。為自己的工作經歷培養一種「捨我其誰」的責任心和權威感，而不是依賴你的主管主控你們的工作關係，這是為自己打造職涯和工作上的幸福感的第一步。

花時間思考你想要什麼

主管可以為你指出成長的機會。她可以向你展示專案，也能針對你的學習和發展領域提供建議回饋，但她不可能讀懂你的心思，也無法告訴你什麼會讓你開心。無論你是職場菜鳥或邁入職涯第二十年的老鳥，弄清楚你想做什麼、想學什麼以及哪些東西能讓你感到快樂，「瞭解自己」的重責大任在你的肩上。

在漫漫一生中，你可能會在職涯中經歷無數個迷茫不定的時期。許多人在離開學校的頭二到五年裡感到非常迷惘，因為人們在此

時步入了獨立的成年期。我對未來感到非常不安，所以我選擇去念研究所，在熟悉的學術環境中尋找安全感，逃離一份我不知道如何適應的工作。在爬上技術職的職涯階梯後，我又再度感到迷茫，在一家偌大規模的大企業裡感到無能為力。然後，當我升上管理職後，迷惘又一次找上了我，因為這時身為管理層的我，眼前要面對的是領導力挑戰。以過往經驗來看，直到我退休之前，我預計每五到十年就會經歷一次職涯中的茫然與不確定性。

當你走過職涯中的各個階段時，你會開始意識到世界充滿了不確定性。這是一個舉世皆然的事實，一旦你得到了心儀的工作後，快樂最終會逐漸消失，這時你會發現自己開始尋找其他目標。你以為你很想去那家酷炫的新創公司工作，到了那裡後你卻發現公司內部簡直一團糟。你以為你想成為一位經理，最後卻發現這份工作很艱難，而且回報不如預期。

在種種不確定性當中，你唯一能依靠的對象是你自己，你的主管不能為你代勞。將你的主管視為資源，幫助你自己去發掘你的可能性，但首先要好好瞭解自己，確定你的下一步去往哪裡。

對自己負責

瞭解自己是第一步。第二步是追求你內心渴望。

當你有需要討論的事情，將這些內容帶入一對一會議中。當你想負責某個專案時，主動爭取機會。為你自己發聲。當你的主管幫不上忙時，向其他資源尋求幫助。主動尋求建議回饋，包括那些關於改進領域的建設性回饋。當你收到回饋時，即便你不完全同意，也請優雅地接受。

當你一直感到不快樂時，說出來。當你陷入困境時，主動請求幫助。如果你想爭取加薪，主動開口。如果想要升職，找出那些你需要達成的目標。

你的主管不能強迫你平衡工作與生活。如果你想下班回家，想辦法盡快完成工作。為了捍衛工作與生活之間的界線，有時候不得不違背公司固有文化，這感覺必定不是太好。另一方面，有時候你想要一份能見度更高的工作，那麼你必須為此付出更多時間爭取。

不是每一次開口都能如你所願，主動要求通常也不是有趣或舒適的體驗。然而，這是最快速的前進策略。如果你的主管認真且盡責，那麼他一定能欣賞你的坦率。或者你遇到一位不盡職也不盡責的主管，或者他因為你主動開口在心裡扣分，想必你也能掌握自己的處境。我不能信誓旦旦對你說一切結果都是好的，但如果你已經為自己設定了目標，你應該盡其所能去實現它。

讓你的主管休息一下

你的主管有時也會喘不過氣，也無法十全十美，她可能會說出傻話，或者做出讓你覺得不公平或對你造成傷害的事。她會指派你不想做的工作，當你抱怨的時候她也會生氣。她的工作是為公司和團隊做出最好的決策，而不是取悅你，讓你時時開心。

你和主管的關係就像任何其他的親密人際關係一樣。你唯一能改變的對象是你自己。你百分之百需要向你的主管提供回饋，同時深刻明白，無論你認為她需要做些什麼，你的主管都可能選擇不聽或不做改變。如果你發現自己開始因為雞毛蒜皮的原因對主管心懷不滿，你可能需要換一個團隊或者找下一份新工作。如果你發現自己對每一任主管都心懷不滿，也許你該想想問題出在他們還是你自己身上。也許你在不需要主管的工作中會更加快樂。

尤其是當你越來越資深的時候，請牢牢記住，你的經理希望你帶來的是解決方案，而不是更多的問題。盡量不要讓每次一對一會議都變成牢騷大會，只說你需要哪些資源、哪些東西出錯了，或者你還想要哪些更多的東西。當你遇到問題時，別要求你的主管

幫你解決，試著向她請教如何解決問題。尋求建議始終是表達尊重和展現信任的好方法。

謹慎選擇主管

主管好壞對你的職涯發展有著巨大而深遠的影響。因此，當你在衡量工作機會時，盡你所能地進行全方位評估，不僅要考慮工作內容、公司和薪酬，也要考慮一下你和未來主管能否相處愉快。

強大的主管知道如何在公司打交道。他們可以讓你順利升職，也能幫助你得到重要人物的關注和回饋。強大的主管擁有強大的人脈網路，即使你不再為他們工作，他們也能為你找到新的機遇。

強大有為的主管、你願意做朋友的主管，甚至是身為工程師的你相當敬重的主管之間，存在著不同差別。許多優秀的工程師最終淪為差強人意的經理，因為他們不知道或根本不想處理公司管理階層的政治角力。一位強大的工程師可能對職場菜鳥來說是優秀的導師兼主管，但對於更加資深的人來說，這位強大的工程師卻可能是一位能力不足的倡導者兼主管。

評估你的個人經歷

在發展職業生涯時，你可以思考一下這些問題：

- 你遇過好主管嗎？這位經理做過哪些令你覺得難能可貴的事情？

- 你通常多久和主管一對一開會？你會主動提及話題嗎？如果你的一對一會議只是進度報告，你能利用其他方式向主管報告工作進度嗎？

- 當你的生活發生重大事件時，你敢告訴主管嗎？你覺得主管對你這個人的瞭解有多深？

- 你的主管是否給予回饋？好的回饋？壞的回饋？或者從來沒有呢？

- 你的主管有沒有幫助你訂定今年的工作目標？

2

指導

對許多工程師來說，人事管理的初體驗通常都是非官方指派的行動。幸運的他們會發現，原來自己正在指導某人。

指導新進團隊成員的重要性

初入團隊的菜鳥工程師通常會被分派一位導師，這些職場新人可能是剛畢業的新進員工或是實習生。許多企業使用導師計畫作為所有新員工入職流程的一部分。有時，導師可能是團隊中另一位資歷較淺的人，也許這個人才剛進公司一兩年，她可能還清楚記得入職或實習的過程，能夠好好體會新進員工的感受。或者，可能是由資深工程師擔任導師，除了幫助新員工快速進入工作之外，還能負起技術指導的角色。在一個健康的企業組織中，這樣的入職導師計畫被視為兩者的成長機會。導師有機會體驗對另一個人負責是什麼感覺，被指導的新員工得到一位專心致志的監督者，不會有其他人分散導師的注意力。

我還記得我的第一位導師，他帶領我見識了真正的軟體工程師工作起來的樣子。我當時是 Sun Microsystems 的實習生，加入了一個編寫 JVM 工具的團隊。這是我人生第一份軟體程式設計專案，我很幸運地遇見一位優秀導師——名為凱文的資深工程師。凱文是一位令人印象深刻的導師，因為他雖然是技術組織內的資深技術領袖，他還是願意為我騰出時間。凱文並不是把我帶到一張桌子前，讓我自己去搞懂我到底需要做些什麼，他願意花時間和我討論專案細節，和我一起坐在白板前，一起檢

查程式碼。我大致上知道我應該搞定哪些東西，但當我陷入困境時，他是我可以尋求幫助的對象。那年夏天對於我作為一名軟體工程師的職涯發展有著關鍵影響，因為在凱文的指導下，他讓我意識到，我也能完成真正的工作，而且我有能力成為具備生產力的員工。和凱文一起工作是我職業生涯的第一個重要里程碑。這段經歷教會了我擁有良好指導的不斐價值。

成為導師

如果有一天，你發現自己坐在導師的位子上，恭喜你！這不是每個人都有機會經歷的體驗，這是一個以相當安全的方式學習管理工作的絕佳機會，並且感受對另一個人負責的感覺。你不太可能因為成為一位壞導師而被開除（嗯，除非你行為失當──請不要毆打你的學員！）對於許多導師來說，最糟糕的情況有 a）學員浪費了他們的時間，能夠用來寫 code 的時間變少，或者，b）他們的指導做得太差，導致公司可能想僱用或把握的人選有了不甚美好的體驗，選擇不加入公司，或者比預期更早離開公司。可悲的是，發生第二種結果的可能性遠大於前者。優秀的人才有時被無能的導師白白蹉跎，這些導師付出太少，忽略了應有的責任，把時間浪費在瑣碎的項目上。或者，更糟糕的狀況是，他們的所作所為勸退或降低了被指導者加入公司的意願。但是你，親愛的讀者，絕對不想這麼做。你渴望成為優秀的導師！或者，也許你已經是一位主管，希望讓團隊在你需要他們承擔起指導關係時發揮更大作用。你該如何建立良好而有效的指導關係，同時盡量避免拖延開發進度呢？

指導實習生

我們要介紹的第一種指導關係是臨時員工。對於大多數科技公司來說，暑期實習生就屬於這一範疇，這些天資聰穎的學生仍在攻讀學位，希望藉由為貴公司服務獲得一些寶貴的工作經驗。每間公司的實習生篩選機制各不相同；許多公司將這些機會視為直接

從大學雇用優秀人才的渠道，但如果你要雇用一位還有幾年才會畢業的人，更實際的情況是：這位候選人 a）是一張白紙，b）除非在你的公司得到很好的體驗，否則明年他／她很有可能去其他公司實習。放輕鬆，千萬不要有壓力。

現在，你發現自己正在指導一位沒什麼實際經驗的大學生。你要怎麼讓他度過一個很棒的夏天？即便你的公司不愛他，你也會希望他會喜歡你這間公司，因為他回到學校後，會告訴所有朋友他在你公司度過了怎麼樣的夏天。這對於你公司從畢業生中招募全職工程師的能力有著巨大影響，而你公司對那所學校的學生招募實習生的事實，恰恰證明了你公司雇用該校畢業生擔任全職工程師的濃厚興趣。不過，你也無需杞人憂天！讓實習生開心並不是天方夜譚。

首先你需要規劃交給實習生去執行的專案。作為導師，如果你能順利地得到專案靈感就好了，因為構思靈感可能是一項無比艱鉅的任務。假如沒有一個專案，你的實習生很有可能在整個夏天裡不斷地感到迷茫與百無聊賴。對於有經驗的員工來說，搞清楚在工作上該做些什麼已經夠難了，更何況是實習生。你必須在心中擬定一個計畫——至少在最初的幾個星期裡讓他開始做點什麼。如果腦中真的一片空白，看看你手上專案有哪些小型功能，那些需要花上幾天才能完成的小型功能開發需求，不如從那裡開始吧！

實習生初入公司的前幾天和任何新員工都一樣：辦理入職手續、習慣辦公室環境、認識人、學習使用系統等等。前幾天盡量花些時間陪陪他。協助他安裝整合開發環境（IDE）並著手進行程式碼開發。多多和實習生交流，確認他的近況，確保他不會感到迷惘或被大量新資訊淹沒。同時，為啟動他的專案做好準備。

當你準備好要交付給實習生的專案後，開始將你新學到的專案管理知識應用到這份專案中。這個專案是否被切割成好幾個里程

碑？假如還沒，不妨在實習生剛到公司的前幾天裡，花點時間來切割專案細項。和你的實習生過一遍這些細節。他能確實理解嗎？仔細聆聽他的提問，然後好好回答。記住，假如你決定在未來成為一位經理，那麼此時的你正在累積管理職的必備技能。這些技能包括傾聽與溝通，說明需要完成的事項以及根據對方反應適度調整。

仔細傾聽

傾聽是身為主管的第一項技能，也是必備本領。學會傾聽是擁有同理心的先決條件，是優秀經理人的核心技能之一。無論你選擇了什麼樣的職涯，傾聽的能力都不可或缺。即便是沒有直接下屬的首席工程師也必須能夠聆聽他人的需求。因此，當你正在指導的學員與你交談時，留意你的行為舉止。你是否把時間都花在思考接下來要說些什麼？你在想的是自己的工作內容嗎？除了仔細聆聽他口中說的話，你是不是還分神做了其他事？如果是這樣，那麼你的傾聽能力有待加強。

無論是透過直接管理或間接影響，關於領導力的最初體悟是，人們不擅於以他人能夠完全理解的方式準確表達內心所想。人類尚未演變出改造人的蜂巢式群體思維或擁有如《星際迷航記》瓦肯人的心電感應能力，所以人類只能使用語言來組織、推動複雜的想法。大多數工程師並不精通語言細緻差別或具備優秀詮釋能力。因此，傾聽不僅僅是聽著學員說了什麼。當你和另一個人面對面時，你也必須觀察他的肢體語言，並且詮釋他說話的方式。他是否看向你的眼睛？他在笑嗎？皺眉？還是嘆氣？

這些微小的信號會提供線索，讓你知道他是否感到被理解。事先準備好用不同方式多方解釋複雜的事情。如果你感覺無法完整理解學員的問題，試著用不同視角重複問這個問題。讓他糾正你。如有必要，善加利用那些散落在辦公室周圍的白板來畫出圖表。花些必要時間去感受「你確實理解了」，就像你去理解學員一

樣。請記住，在學員眼中，你擁有無限大的權利。他很有可能感覺自己搞砸了這次談話機會而緊張不已，因此盡力討好你，努力不讓自己看起來更愚蠢。即便他還沒有真正瞭解該做些什麼，也可能不敢再多問問題。如果想讓你的生活更輕鬆，請從他口中問出那些問題。比起你的實習生因為沒有問完足夠的問題而走向絕對錯誤的方向相比，回答實習生問題得用掉你所有工作時間的可能性幾乎微乎其微。

明確溝通

如果實習生花了太多時間找你幫忙，卻沒有想過自己試著解決問題，那該怎麼辦呢？對你來說，這是學習另一個管理技能的機會：溝通那些需要發生的事。如果你希望他在問問題之前先自己研究一下，就告訴他這麼做！請他向你解釋一段程式碼，或者某個產品或程序，然後指示他去找到能夠解釋這些東西的文件。假如得到你給的指引後，他還是無法搞定工作，那麼，這位實習生的潛力你大概心裡也有數了。假如這些都行不通，告訴他這項專案的第一個里程碑，請他在一兩天內獨立完成。這就是在實習生開始動手工作前，導師事先將專案拆解為數個部分的價值所在：你已經提前考慮了更棘手的部分。你可能大吃一驚，因為這時實習生完成每件事的速度將超出你的預期，這是多麼令人開心的驚喜！一般來說，你需要提供一些提示和清晰的思路，幫助實習生朝向正確的方向前進。

校準回應

現在，我們來到你要練習的最後一項管理技能：針對實習生的反應作出調整。在這種指導關係的過程中，可能會發生很多事情。他的表現可能遠遠超乎你的期望。他可能無法搞定簡單任務。他可以很快完成工作，但品質差強人意，或者他也可能慢工出細活，花上太多時間堆砌過於完美的作品。在實習期的前幾週，你需要掌握找他確認進度的頻率，從旁提供正確調整。這個頻率可

能是一週一次或是一天一次。我建議無論如何都要試著一週至少一次找實習生確認進度，並試著利用多出的時間作為向實習生行銷公司的機會。

希望這個夏天有個愉快的結尾。實習生完成一個有價值的專案；而你藉此練習了傾聽、溝通和調整等技能。實習生離開時對你的公司抱持好感，而你得到了一些體會與洞察，瞭解你是否想現在、不久後或者從此走上管理職的念頭。恭喜你！

請教 CTO：指導暑期實習生

我接到一個帶暑期實習生的任務，但我不知道從何處開始。實習生該做些什麼？我應該做哪些準備，幫助這個人度過美好的夏天？

暑期實習生的指導工作準備不需要花上太多時間，但這對於你的指導是否有所成效至關重要。以下是你需要做的基本事項：

1. **為實習生的到來做準備**：你知道他哪一天來報到嗎？假如還沒，請去瞭解一下。然後確認他來了之後會為他設定好位置、設備和數位環境。他的座位在你辦公桌附近嗎？電腦準備好了嗎？系統和軟體的登入權限是否搞定了？即便是有所規模的大公司，有時也可能忽略這些給實習生的入職步驟。沒有什麼比心懷期待出現在公司，卻發現無處可坐、無法登入系統的感覺更糟了。

2. **交付專案給實習生**：最棒的實習經驗通常都有明確可執行的專案。決定實習生專案的秘訣是，你想要一些具體但不緊急、對團隊來說卻很重要的東西，同時也是新人工程師可以用一半時間完成的工作。也就是說，如果實習生準備待上十週，你可以交付他一個需要新人工程師五週內完成的專案。這麼做有兩個目的。首先，這給予實習生充足的時間，假如他還有很

多其他活動要參加，比如培訓課程或者實習計畫中的社交活動，這位實習生還是有時間完成專案工作。假如他能在實習計畫結束前就完成任務，那就太棒了——他應該對程式庫的某個部份有了足夠瞭解，能在剩下的實習期裡認領其他工作。別忘了，這個人是實習生。他還在求學，還在學習，所以正確的期待是他的工作進度絕對不快，假如他的表現超乎期待，你會由衷感到驚喜。

3. **規劃在實習計畫結束時讓他展示工作成果**：這有助於實習生獲得除了你和其他導師之外的曝光度，並給予他一個明確的期望，也就是你希望他完成一個專案。你極有可能將會左右貴公司是否向該名實習生提供全職工作，或者再次邀請他在下個暑假繼續實習。你可能需要花些時間指導他如何發表簡報。如果你的團隊定期舉辦 Demo Day 或者團隊會議，那麼實習生的專案簡報可以參照那些格式。這份簡報不需要長篇大論或鉅細彌遺，但讓實習生向團隊展示他的工作成果，是讓實習生感受到他的工作有其重要性的好方法。我向你保證，那些覺得公司欣賞他們工作成果的實習生，是最有可能接受 return offer，畢業後回公司就職的人。

指導新人

大學畢業後，我的第一份工作是到一家規模非常大的科技公司就職。我們就稱這家公司為 Big-TechCo 好了。我被派到的團隊正負責發布一個準備多年的專案。我的主管帶我到屬於我的辦公位置，然後放我一個人去琢磨該完成哪些事情。我不知道該怎麼尋求幫助，我害怕被人視為傻子。毫不意外，我氣餒不已，在無數的沮喪情緒中我的最佳對策是唸研究所。最後我也去了。

念完研究所後的第一份工作截然不同。我沒有被隨意指派一張桌子，也沒有被單獨留下，而是被安排了一位導師。他鼓勵我多多

發問。我們一起結對程式設計，幫助我瞭解程式庫，並且學習這項專案的測試方法（那是我第一次嘗試單元測試！）。我在幾天內就能發揮生產力，在那份工作的最初幾個月裡，比起為 Big-TechCo 工作的所有日子裡學到的東西，我在這裡學到更多。我認為這完全要歸功於入職初期所得到的寶貴指導經驗。

為新員工提供指導至關重要。身為新員工的導師，你的工作包含入職培訓，幫助這人有效適應公司的步調，並在公司裡建立你和她的人脈網路。這可能比指導實習生更容易，而這種人際關係和指導關係通常會持續更長時間。

這是一個讓你以全新眼光看待你所處公司這個世界的機會。當初你第一次體驗世界是什麼樣的感覺，這則記憶可能早已塵封腦海。工作該怎麼完成？有哪些規則是明講的？哪些是心照不宣的？比如 HR 手冊裡記載標準的休假規定，這是白紙黑字的。而潛規則是，感恩節後的那一週你不能休假，因為你身處電商產業，這一週是關鍵的銷售期。另一個更細膩的潛規則是，在請求別人幫忙之前，你大概需要獨自奮鬥（掙扎）多久。許多流程、文化和業內行話屬於第二天性，以至於你可能不會意識到這些對於初來乍到的人來說是完全陌生的東西。意識到這一點，能給予你明確解釋規則的機會。潛規則不僅會讓新人更難融入，還會讓你難以做好自己的份內工作。所以，請把握機會，善用這個全新視角。

高效的團隊會向新員工提高完善的入職文件。對於新人來說，逐步指南能大大提升效率，幫助他們設置開發環境、熟悉追蹤系統（tracking system）的運作方式以及熟悉工作會運用到的各種工具。這些說明文件應該持續更新，跟上工作環境本身的變化。提供說明文件來指導新員工，幫助她完成工作，在入職過程中如果發現文件上的缺漏或有待更新之處，邀請她協助修改，這些舉動會向她釋出一個強烈的承諾信號：她有權利和義務去學習，並且分享她的學習成果使整個團隊受益。

在這個入職階段中，你的指導機會是介紹新員工。公司裡到處都是為了快速傳遞知識和資訊而存在的人際網路。把這位新員工引入你的人際網路能夠讓她加速上手，並且為你提供新的契機，進入她在公司裡形塑並融入的人脈網路中。計畫在同一家公司（尤其是大公司）長期服務的人，通常透過非官方的人脈拓展找到機遇。你指導的新員工可能某天會加入你感興趣的團隊，或者某一天你會想把她帶入你在其他領域帶領的另一個團隊。

即便你對管理完全沒有興趣，假如沒有建立一個強大且值得信賴的人際網路來分享資訊和交流想法，你很難在任何奉行多團隊文化的公司裡拓展職業生涯。工作場所是人與人互動的載體，這些人脈網路構築了任何職涯的基石，無論你選擇擔任管理職還是個人技術貢獻職。你可能是一個內向者，或者進行社交對你來說並非易事，但是有意識地努力和練習去認識新的人並且幫助他們成功，這麼做一定有所回報。最終成敗取決於你對於拓展人脈的態度。請接受這樣的心態：建立人脈是一項值得投入時間和精力的投資。

技術指導或職涯指導

關於這個主題，我不打算長篇大論，因為這類的指導關係通常與管理職的升遷沒有直接關係。也就是說，在職業生涯的某個時刻，我們大多數人都會體驗某種程度的技術指導、職涯指導，或兩者兼之。許多人可能會遇到他們的導師，或被鼓勵去找一位導師。要如何確保這種指導關係的成效為你所用？

在廣泛的工作範圍內自然發展的指導關係是最棒的一種。當一名資深工程師指導團隊中的菜鳥工程師，幫助他提高工作生產力時，導師和學員可以一起解決對他們兩人都密切相關的問題。資深工程師獲得的價值是，學員的程式碼品質更好，需要修改的地方變少了，開發速度更快。菜鳥工程師顯然得到了手把手的教學，並接觸到了對自己工作環境有深刻理解的人。這種類型的指

導通常不是正式的關係，可能屬於資深工程師的預期工作範圍，這樣的技術指導為開發團隊帶來了寶貴價值。

許多公司推動正式的指導計畫，將團隊中的人員進行配對，雖然這些計畫有時可以深化人脈關係，但對於導師和學員來說，它們往往是一項模糊的義務。如果你發現自己處於其中一種關係中，最佳應對策略就是，明確瞭解你的期望和目標。

當你是導師

告訴學員你對他的具體期望。如果你希望他在會議前事先將準備好的問題寄給你，那就開口說吧！明確告知你能投入的時間。在他提問時坦率回應。如果你無法善用這個職業距離來提供他可能從主管或同事那裡得不到的坦率建議，那麼擔任一位差不多是陌生人的導師並沒有意義。你可以婉拒擔任導師的請求。有時候你會覺得有義務對每個向你求助的人說「好」，但是你的精力有限、時間寶貴。請勇敢拒絕，除非你認為指導關係對你和被指導者都有好處。如果有人請求你擔任他的導師但你並不想，回答「你沒辦法」就好了。不要因為有人問就覺得一定要給出理由。

當你的主管要求你去指導某人，而你無暇分神時，「勇敢說不」並不容易。你可能需要給出一些理由，比如目前的工作量、計畫好的休假，或者你還有其他必須要處理的任務，導致你無法擔任指導者。無論如何，最糟糕的就是口頭答應，實際上卻沒有進行任何指導。

當你是學員

思考你想從這段指導關係中得到些什麼，並為這些會面機會做好準備。如果你是從公司以外的業界前輩獲得指導，那麼這個建議尤其重要。這些人不求報酬，自願地釋出友好善意，你不應該浪費他／她的寶貴時間。如果你沒有時間準備，或者覺得沒有必要準備，先問問自己，你是不是真的需要這段指導關係？有時候我

們尋求導師的原因不見得是我們真的有其需求,只不過是「有人」認為人們就該有導師,然而,這世上還有其他人可以和我們一起見面喝咖啡聊一聊,而且一天也只不過幾個小時。你不一定要有導師。也許,你需要的是一位朋友、一位治療師,或者一位職涯教練。人們很容易低估導師時間有多珍貴,因為你通常不需為此付費。請學會尊重他人,也許你可以考慮尋找收費的專業人士的幫助。

好主管、壞主管:技術咖

在一些工作關係中,無論身處指導關係之中或之外,你都很有可能遇上「技術咖」(alpha geek)。這位技術咖力求成為團隊中最優秀的工程師,永遠給出正確的答案,而且是解決所有難題的大功臣。技術咖認為智商和技術能力凌駕其他特質,深信這兩項特質決定了誰有話語權。技術咖通常無法處理意見分歧,很容易因為那些她認為試圖或可能搶走她風頭的人而倍感威脅。她自認是最優秀的人才,只對認同這一觀點的訊息做出回應。技術咖努力創造一種追求卓越的文化,最終卻帶來了恐懼的文化。

技術咖通常表現優異且高效。這位工程師如果進入管理層,原因要麼是被推舉成為主管,要麼是因為她堅信主管應該由團隊中最絕頂聰明的人擔任。她傾向於貶低那些為她工作的人,因為犯了錯誤而輕視他們,在最壞的情況下,她會不吭一聲地將他們的工作重新做完。有時候,技術咖會將團隊貢獻全都記在自己頭上,而不是認可團隊成員的實力。

在最好的情況下,即便技術咖看起來不可一世,他們的存在會鼓舞年輕的開發人員。技術咖知道所有問題的答案。她在十年前就碰過那個系統的原始版本,而且知道製作者是誰,假如你需要弄清楚一些細節,對她來說都是小事一樁。他很清楚為什麼你的嘗試不見成效,相信我,當你的辦法不奏效時,你絕對會被提醒「他當初是怎麼告訴你的」。要是你聽進去他的話,按照他的方

式照做就好了！技術咖身懷絕學，有很多東西能夠教你，假如他們有心，他們能夠設計出偉大的系統，光是幫忙構建都能獲益匪淺。總的來說，如果不是聰明絕頂，技術咖走不到他們現在的位置，所以他們確實有很多東西可以教給團隊，許多工程師正是因為他們真的太聰明了而忍受技術咖的種種缺點。

最壞的情況是，假如自己沒有出風頭的份，技術咖不能忍受其他人獲得任何榮譽。他們是任何好點子的來源，和壞點子一點關係都沒有，儘管他早知壞點子絕對會失敗。技術咖深信，每一位開發人員都應該對清楚知道「他／她知道什麼」，假如你不幸地不知道某些東西，技術咖會得意洋洋地指出你的無知。技術咖對事情該怎麼做有著嚴格且不容質疑的看法，並且對於他沒有想到的創新做法充耳不聞。當人們抱怨他們所打造的系統，或批評他們過去的技術決策時，技術咖會感到無比威脅。他們非常痛恨不得不聽從智商比他們低下的人所提出的建議或指導，並且看不起非技術職位的人員。

當第一次擔任導師時，技術咖的壞習慣開始經常地顯露。如果你曾經納悶過儘管你技術能力超群，人們卻似乎不怎麼來找你幫忙，問問你自己，是否表現出了技術咖的任何症頭。你是一個無所畏懼的工程師，總是不留情面地自說自話嗎？你是否急切尋找問題所在，挑出錯誤，不甘願承認有人想出好主意或寫了好代碼？你是否打從心底相信，正確無誤比起任何事情都更加重要，所以為了追求你心目中的正確而努力奮鬥總是值得的？

假如你懷疑自己可能是一個技術怪咖，參與指導可能是打破這種習慣的絕佳機會。如果你認為你的學員值得教導，你的目標就是，以最適合被指導者的方式來幫助她，因為你將會發現，你的激進風格很可能使她更難以學習。練習教學相長的藝術可以幫助我們學會如何培育與訓練，學習用別人能夠理解的用字遣詞，讓他們願意聆聽，而不是不加修飾地大聲喊叫。另一方面，假如你不願意改變自己的風格來幫助學員邁向成功，拜託不要自告奮勇擔任導師！

技術咖是毫無疑問的可怕主管，除非他們能學會從自己身上撕掉「聰明絕頂」和「最懂技術」的標籤。實際處理大量技術業務的主管對於由資深工程師組成的小型團隊有益，通常，科技咖最好是遠離管理職，專注於技術策略和系統設計的重責大任。你往往會看到以技術起家的新創公司裡，如果首席技術長一職由技術咖擔綱，通常會由專注執行面的技術副總裁提供設計和開發重點，交付技術咖去實現。

如果你擁有提拔人才到管理層的機會，請謹慎考慮是否給予技術咖管理團隊的職位，並密切留意他們在這個職位上的影響。技術咖的文化可能荼毒團隊合作，嚴重削弱其他成員的影響力，因為他們感覺無力反擊。技術咖通常認為自己比別人懂的還要多，這樣的觀點可能導致他們為了維持優越而隱藏情報或資訊，間接降低團隊裡所有人的工作效率。

給導師主管的建議

提升、改善你想衡量的那些地方。身為主管，你要建立目的清晰、範圍明確、可衡量的目標，幫助團隊獲得成功。我們經常無法將這基本的道理應用到指派導師的過程中，其實這個道理在哪裡都適用。當你需要為新員工或實習生安排一位導師時，先釐清你想透過這段指導關係實現些什麼目標。接著才是找到能幫助達成目標的人選。

首先，搞懂你為什麼要建立這種指導關係。在我前面提到的兩個案例中，指導關係的存在具有非常具體的目的：幫助團隊中的新人進入狀況，無論這人是全職員工還是只會待上幾個月的實習生，導師旨在幫助這人跟上團隊進度並提高生產力。當然，這些並不是公司推行導師計畫的唯一全貌。有時，導師計畫會將菜鳥工程師和團隊外的資深工程師進行配對，提升新手工程師的職涯或技能。這些計畫立意良好，但通常導師和學員得到的事前指引不見得充分，除了已知他們兩人已經被分為一組的事實。大多數

情況下，這種導師計畫對於任何一方都沒有太大益處。如果導師疏於參與或是太忙碌而無法為這段指導關係付出心力，只會讓學員感到失望。假如被輔導者不知道如何尋求幫助，或對於這段關係的方向毫無頭緒，這感覺就像強迫社交，對雙方來說都是浪費時間。因此，除了入職指導計畫之外，如果你的公司還推行其他導師計畫，在你將人送入這些計畫之前，請確保計畫具有一定程度的指引和流程規劃。

其次，請記得這段指導關係對於導師來說是額外的責任。假如導師的工作表現良好，在她指導他人期間的生產力有可能會些許下降。如果一位工程師正在參與一項時間緊迫的專案，你可能不想同時分派指導任務給他。正因為這是一項額外的責任，請將指派指導任務視為和其他額外責任同等重要的工作。找一個你相信能做好這項任務，並且想在寫 code 能力之外證明自己的人。

無論指導任務的初衷是什麼，常見陷阱包括，將導師這個角色視為吃力不討好的「情感勞動」苦差事、假設「同一類人」就該指導「同一類人」，以及未能把握機會第一手見證團隊潛力。

情感勞動是一種具有女性特質「軟實力」的傳統觀點──即解決人群與團隊情感需求的技能。因為很難量化成效，情感勞動通常被認為不如程式設計能力重要。這個技能被認為是無需金錢報酬就能提供的東西。我並不是建議你應該給予人們額外的薪酬吸引他們擔任導師，但是他們為此付出的努力應該受到認可。在其他責任面前，導師這項任務應該被視為一等公民。就像我之前所說的，事先做好規劃，給予導師充分時間把這項任務做好。你為了建立指導關係已經投資不少，無論是招募人才方面的預算和時間成本，或是建立導師計畫的開銷和協調成本。當你深刻認識到指導關係是一項需要時間證明的工作，雖然費時但能帶來價值非凡的回報，比如更緊密相連的員工人脈網路、更迅速的入職流程，以及更高的實習生轉換率，你會知道繼續投資以取得豐收成果是值得的。

我剛剛說過，不要假設「同一類人」就該指導「同一類人」，我的意思是你不應該理所當然地認為女性就該指導女性，男性只能指導男性，有色人種（people of color）只能指導有色人種等等先入為主的觀念。導師計畫經常出現這種現象。這類的指導關係的確有其地位，但身為一位技術行業的女性，我個人很厭倦只將多元化（diversity）視為唯一綱領的指導關係。當你考慮建立指導關係時，除非該計畫的目的是從多元共融的角度出發，否則我建議，提供符合他們需求的最佳導師。「同一類人」就該指導「同一類人」的作法在特定情況下確實符合常理——導師也具有相似工作角色。當指導關係包含工作技能訓練時，最好的導師人選將是在那些學員試圖培養的工作技能方面有所精通或成就的人。

最後，把握這個機會去獎勵和培養團隊中未來的領導者。如你所知，領導力的存在條件是人與人之間的互動往來。培養耐心和同理心對於在團隊環境中工作的任何人來說，都是拓展職涯的不可或缺條件。才華洋溢但性格內向的工程師可能永遠不想接管理職，但鼓勵他們參與一對一指導，能夠幫助他們發展出更強大的外部視野，更別提拓展他們的人脈連結了。相反地，一位耐心有限的年輕工程師在（你的從旁監督下）幫助實習生獲得成功的同時，他也有機會學習到保持謙遜的力量。

請教 CTO：招募實習生

我的公司針對是否雇用實習生展開了數次調查。我們過去沒有這類經驗，但我很想招攬實習生，增加我們的人才庫。有哪些環節我應該考慮？

實習專案是企業增加招募渠道，以及在畢業前找到優秀人才的好方法。然而，許多公司認為實習專案的目的就是要雇用能為他們處理大量工作的實習生，因此錯失了實習專案的真正價值。我有幾則建議供您參考：

- **不要雇用實習後一年內不會畢業的實習生**：如今，主修技術專業的大學畢業生擁有非常多選擇，假如你雇用的實習生離畢業還有很久，那麼他在幾年後不太可能會回來為你工作。你的實習專案並不是幫你在夏天完成額外工作量的方式，這是篩選和吸引人才的管道。離畢業還有兩年或更長時間的人，在投入第一份全職工作之前，有很大機率會尋找新的機會繼續探索。如果你只打算雇用少數幾位實習生，那麼你會期待所有人有極大可能在日後轉為全職員工。

- **比起雇用全職畢業生，招募實習生相對容易**：市場對於實習生的需求較少，因此你應該會有許多選擇。你可以選擇以各式各樣的做法把握招募實習生的機會，但我會鼓勵你從代表性不足的群體中招募候選人。實習專案的多元化將體現到招募新員工的多元化，進而實現企業組織的多元共融。

給導師的關鍵要點

身為一名導師，關注自己的三項行動非常重要。

保持好奇和開放的心態

隨著職業生涯的成長，你會經歷許多值得學習的時刻，關於事情應該怎麼做，或者不該怎麼做的體會。這些可能是「最佳實踐」，或者是錯誤造成的傷疤。這些無意識的積累會影響我們的思維模式，減弱創造力。當我們固步自封，停止學習的步伐，我們開始逐漸失去最寶貴的技能，發展成功技術職涯的道路變得窒礙難行。技術總是不斷地革新，我們必須持續學習，不斷地經歷這些變化。

指導關係提供了人們培養好奇心和以新鮮視角看待世界的絕佳機會。面對學員提出的問題，你可以觀察組織或流程中有哪些環

節對於新人來說並非理所當然。你可能會發現一些自以為瞭解卻無法清楚解釋的事物。你將有機會回顧你在工作中建立的各種值得質疑的假設。雖然許多人認為創造力是看見新事物的能力，但所謂的創造力也包含能夠看見他人視而不見的模式和規律。假如個人經驗是你手上僅有的資料點，你很難看清週遭事物的運作模式。與第一次學習這些事物的新人一起共事，能夠幫助你揭開這些隱藏的運作規律，這段指導關係也幫助你建立難得的人脈聯繫。

傾聽和使用他們的語言

良好的指導關係能夠形塑每一位未來領袖的必備技能。即使是那些不會走向管理職的人來說，花一些時間指導他人並從中學習也好處多多，因為指導工作會促使你去磨練自己的溝通技巧。你需要練習傾聽的能力，因為如果連別人的發問都聽不進去，你永遠不可能提供好答案。

資深工程師可能會養成一些壞習慣，其中最糟糕的是習慣駁斥意見相左者，給予長篇大論的傾向。想要成功地和新人或新進成員合作共事，你必須以這人能夠理解的方式傾聽和溝通，即便這表示你需要多方嘗試才能把事情做好。在大多數公司中，軟體開發是一項團隊運動，這意味著有效溝通才能幫助團隊完成任何工作。

建立人脈聯繫

你的職涯成敗取決於人脈強弱。指導關係是建立人脈網路的好方法。你永遠不知道——你所指導的學員可能為你帶來下一份工作，甚至在未來為你工作。換個角度思考，切勿濫用指導關係。無論你的角色是導師或學員，記住，你的職業生涯很長，而技術行業的圈子也許很小，要好好善待對方。

評估你的個人經驗

準備接受指導關係之前，有些問題值得考慮：

- 貴公司是否推行實習專案？如果有的話，你是否願意指導
  實習生？

- 貴公司對於入職活動的做法有哪些？你會指派導師給新人
  嗎？如果沒有，你能向主管提議導師計畫，並且自願指導
  某人嗎？

- 你有遇過優秀的導師嗎？那人做了什麼讓你感到印象深
  刻？導師如何幫助你學習——他或她教會了你什麼？

- 你有過失敗的指導關係嗎？為什麼不如人意？你能從中汲
  取哪些教訓，避免再度發生類似的失敗？

3

技術負責人

我在很多年以前成為了 Tech Lead（技術負責人）。在那之前，我被升為資深工程師，和其他幾位資深工程師組成小團隊一起共事。當時我有點驚訝自己被升為 Tech Lead，因為無論從頭銜或經驗來看，我都不是團隊裡最資深的人。現在回想起來，我有幾項優勢。首先，我不僅僅是一名優秀的工程師。我是一位優秀的溝通者。我能夠撰寫明確易懂的說明文件，發表簡報不會怯場或崩潰，我可以和不同團隊與不同角色的人們溝通交談，清楚解釋發生了什麼。我也很擅長規畫工作的輕重緩急。我樂於推進工作，決定下一步該做些什麼。最後，我願意收拾殘局，做好一切必要事情來達成目標。我認為，對於工作抱持這種務實的急迫感是一錘定音的決定性因素。畢竟，Tech Lead 的角色，即便不是管理職，也是一個和領導力密不可分的職位。

我也見過不少陷入困境的 Tech Lead。讓我尤其印象深刻的案例是，某位工程師擁有優秀寫 code 能力，工作表現非常傑出，但討厭與人交流，注意力經常被技術上的細節拉走。我看著他跳進一個又一個的兔子洞，在此同時，產品經理趁著他的缺席，迫使團隊其他成員承諾交付設計糟糕且過於激進的功能。專案進度一團亂，而這位 Tech Lead 做了些什麼？他繼續追求下一個技術重構，因為他確信問題完全出在程式碼的結構上。你可能對這故事毫不陌生，因為類似情境無處不在。常見的錯誤迷思是 Tech Lead 的角色應該自動交給最有經驗的工程師，因為他們能夠處理最複雜的功能或編寫最好的程式碼，連

閱歷無數的主管都可能不慎落入陷阱。推崇自由、期望深入關注自己的程式碼細節的工程師，絕非 Tech Lead 的最佳人選。這樣的工程師不能盡職擔任 Tech Lead 的角色。但，說真的，Tech Lead 的工作到底是什麼？我們對這個角色應該有什麼樣的期望？

以軟體工程為主題的多本著作中，關於 Tech Lead 的定義尚缺共識，而我個人能夠分享的是自身和他人經驗的總結。身為 Tech Lead，我的工作除了持續編寫程式碼，還增加了代表團隊和管理層互動、審查功能交付計畫，以及處理專案管理過程中許多細節等職責。儘管我並非團隊中最資深的工程師，卻能夠擔任 Tech Lead，這是因為我願意並有能力承擔這個角色的責任，而團隊中其他人更感興趣的是純粹專注於手頭上的軟體設計工作。當我在 Rent the Runway 的團隊打造工程師職涯路徑時，我們有意識地將 Tech Lead 的角色定義為「工程師在職涯路徑的許多職級上能夠承擔的一系列特徵，而不是單一職位角色。」我們之所以採取這種策略的原因是，隨著團隊的變化與發展，Tech Lead 的角色可能由不同職級的工程師來擔任，也可能從一位工程師移轉到另一位身上，而無需改變任何人的既有職級。Tech Lead 的工作職責因公司而有所不同，甚至同一間公司內部的團隊之間，Tech Lead 的任務也不盡相同。從 Tech Lead 的頭銜來看，我們知道這既是技術職位，也是管理角色，而且它通常是一系列可能隨時變動的工作職責，而非永久的頭銜。說了這麼多，究竟什麼是 Tech Lead？以下是我們在 Rent the Runway 建立的職位描述：

> *Tech Lead* 的角色並不是職涯路徑的特定職級，而是任何工程師一旦升為資深工程師就可能承擔的一系列職責。該角色的職責包括但不限於人員管理，如屬於職責範圍，則 *Tech Lead* 應按照 *Rent the Runway* 技術組織的管理標準綱領來管理人員。這些標準包括：
>
> - 定期（每週）一對一會議
> - 定期給予回饋，主題包含職涯發展、推進目標、改進領域，並根據需要給予表揚

- 透過專案工作、外部學習或額外指導，與下屬共同
  訂定學習領域，幫助他們在這些領域中成長

假如 *Tech Lead* 並無直接的人員管理責任，他們仍須為團隊其他成員提供指導。

Tech Lead 學習如何成為優秀的技術專案管理者，因此，他們透過有效分派工作而不逢事必管來擴大自己的影響力。他們關注整個團隊的生產力，並努力提升團隊成果的影響力。他們被授權為團隊做出獨立決策，並學習處理困難的管理和領導情境。他們也學習如何有效與產品、分析或其他業務團隊進行合作。

工程師不一定需要擔任 *Tech Lead* 才能升職，但這是讓工程師從 *SE1* 升遷到 *SE2* 的最常見方式，也是 *SE2* 工程師成為技術主管的必要條件。事實上，如果沒有擔任過 *Tech Lead* 的經驗，即使你選擇的是個人貢獻者的職涯路徑，也很難升到 *SE2* 以上的職級，因為職位越高階，越注重領導力和承擔責任的能力。

Patrick Kua 在其著作 Talking with Tech Leads 中，對 Tech Lead 一職做了最精實的描述：

> *Tech Lead* 對一個（軟體）開發團隊負責，會花上至少 *30%* 的時間與團隊一起撰寫程式碼。

Tech Lead 必須妥善扮演技術專案領袖的角色，廣泛地運用專業知識，使整個團隊變得更好。他們可以做出獨立決策，與團隊其他非工程師合作夥伴的互動中發揮重要協調作用。你會發現此時不涉及任何具體技術工作。Tech Lead 的角色雖然屬於資深工程師的範疇，但是將團隊中最資深或最優秀的工程師理所當然視為 Tech Lead 的做法是錯誤的。如果不具備促使他人參與其中的能力，領導團隊只是空談，人際技能是我們對於新進 Tech Lead 的

第一要求，比純粹的技術能力更加重要。然而，Tech Lead 也需要持續提升「專案管理」這項重要技能。將專案工作切分成數個小部分，與設計軟體系統的工作有異曲同工之妙，即便是不想從事管理工作的工程師，掌握這種技能會為你帶來寶貴回報。

假如你發現自己擔任 Tech Lead 的角色，恭喜！這證明了有些人認為你具備成為團隊關鍵人物的特質。現在，是時候學習一些新技能了！

成為 Tech Lead

成為技術領導人是一種在不具權威的情境中發揮影響力的練習。身為 Tech Lead，我要帶領一個團隊，但我們的主管都是同一位工程經理。因此，我不僅要影響我的同事，還要影響我的主管，確保我們優先執行正確任務。 在我最近的經驗中，這件事尤具挑戰性，因為在成為 Tech Lead 之後，我第一個處理的專案之一正是停下所有功能開發，專注解決技術債。對我來說，「裝滿技術債的桶子」顯然已被踢倒太久；部署新的程式碼困難重重，運行現有服務成本高昂，輪班待命的日常猶如煉獄。我相信我們需要先停下腳步，才能在未來快速成長。然而，其他想要編寫有趣新功能的開發人員很難接受這個觀念，我的主管也很難為此買帳，因為他持續不斷地收到來自客戶的要求。我選擇以「解決技術債對於個別團隊成員有不同影響」的角度來推廣這個觀念。對某些成員來說，這能帶來更可靠的服務，對另外一些人來説，這麼做能改變迭代速度，或者能減輕輪班待命的負擔，讓他們睡個好覺。當我和主管交涉時，我強調的是減少營運開銷，這意味著我們可以在未來集團隊之力完成更多的功能開發工作。

成為 Tech Lead 這件事促使我改變關注焦點。工作現在不再是關於我個人，或者是選擇最具技術難度的想法或最有趣的專案；相反地，我更加關注我的團隊。我該如何幫助

他們？我該如何移除他們前進道路上的阻礙？將工作重
寫，或者埋頭於一些新穎又令人興奮的功能，或許能讓
我充分展現技術天份，但團隊需要的是解決技術債，專注
於服務的營運上。最終，這項提案獲得了空前成功。團隊
減少了 50％ 重大呼叫警報的數量，在接下來的一個季度
中，我們額外完成了將近一倍的部署作業量。

—— *Caitie McCaffrey*

優秀 Tech Lead 都知道

你是一位 Tech Lead，這表示你對軟體有所研究，而且你的主管
認為你足夠成熟，他願意賦予你更大的專案管理責任。不過，假
如你無法掌握優秀 Tech Lead 必備的技能：勇於遠離程式碼，
去瞭解如何在你的技術承諾和整體團隊需求之間取得良好平衡，
擁有技術能力和熟練經驗根本不足掛齒。你必須停止依賴舊有技
能，開始學習新的能力。此時的你要掌握平衡的藝術。

從這個階段開始，無論你將走向何種職涯路徑，其中一個核心挑
戰就是在事物之間取得平衡。如果你希望在工作上擁有自主權，
如果你想擁有決定什麼時候該做些什麼的自由，你必須善用時
間，把握每分每秒。最糟糕的情況是，你經常需要在擅長且喜歡
的工作（如寫 code）與不擅長的工作之間取得平衡。人們習於
從事他們已經精通的工作，所以，為了學習新技能，不得已減少
時間花在目前擅長的工作，這種感覺絕對稱不上舒坦。

在專案管理工作與實際交付技術承諾之間取得平衡實非易事。
今天你可能一整天都在寫 code，而明天的工作都與專案管理相
關。透過不斷的試誤過程，你將學習如何有效管理時間，為自己
安排適當長度的任務區塊。讓自己隨機陷入各個會議的被動性是
最糟糕的排程錯誤。如果每隔一小時你就要開一次會，你的工作
節奏將被打亂，無法全神貫注編寫程式碼。

即便你已精心安排每天的工作行程，通常也無法連續好幾天只與
程式碼打交道。希望這個階段的你已經學到幾個能幫助你切分
工作事項的技能，讓你不需要連續花上好幾天才能搞定技術任
務。此時的你深刻知道讓團隊成員專注在開發工作的重要性，因
為他們需要不受打擾的好幾天來解決 coding 問題。你的領導力
在於幫助其他利益關係人（比如你的老闆和產品經理）尊重團隊
重心並安排會議時程，妥善規劃會議密度以避免造成個人貢獻
者負擔。

Tech Lead 入門課

假如你正與一位產品經理和一組四人工程師團隊合作，準備發布
一個全新提案，這個提案預計需要好幾週才能完成。根據專案生
命週期的不同階段，Tech Lead 在這個情境中身兼多項責任。當
然，你會需要寫一些 code，做出幾個技術決策。但這只是你扮
演的其中一個角色，而且這絕非最關鍵的角色。

Tech Lead 的主要角色

作為 Tech Lead 的第一要務是以大局觀看待工作，讓專案進度如
期推展。你該如何升級負責範圍，從統整、規劃你需要自行編寫
的程式碼，提升到組織、主導整個開發專案呢？

系統架構師和商業分析師

在系統架構師和商業分析師的角色中，你需要找出那些需要改動
的關鍵系統以及必須打造的關鍵功能，為未來專案做好準備。此
時的目標是為基本預測和工作次序提供大致架構。你不需要一絲
不苟地條列出所有專案細節，但花些時間思考專案的外部條件和
相關注意事項絕對大有裨益。這個角色要求你對系統的整體架構
有深刻瞭解，並具備設計複雜軟體的堅實知識基礎。想更勝任這
個角色，你還需要能夠瞭解業務需求，並將這些需求轉化為軟體
專案。

專案規劃師

專案規劃師的角色是將工作拆分為一個個「可交付部分」（deliverables）。在這個角色中，你要學習找出最有效拆分工作的方式，幫助團隊快速進入工作狀態。此時的挑戰是盡可能在同一時間段完成最多工作項目，使團隊發揮最大生產力。這個挑戰可不簡單，因為你大概習慣只想著個人工作量，而不是改為考慮整個團隊的工作量。幫助團隊平行工作的關鍵是抓到團隊成員都同意的綱領摘要，並將這些條件應用到所有人的工作中。舉例來說，如果有一個前端工作要取用來自某 API 的 JSON 物件，這表示你不需要事先完成這個 API 才能啟動前端開發專案。相反地，團隊應使用 JSON 格式，並利用虛設物件（dummy objects）進行編碼。如果你足夠幸運，你可能早就體驗過這種情況，只需要根據過往工作模式執行專案。在這個階段中，你需要向團隊裡的專家搜集意見，並與熟知軟體受影響部分的人深入討論，請他們協助完善細節。此時你也需要開始安排工作的優先順序，哪些部分屬於關鍵任務？哪些是加分項目？你該如何在專案早期階段著手處理關鍵項目呢？

軟體開發者和團隊負責人

軟體開發者和團隊負責人需要編寫程式碼、溝通協調各項挑戰，然後分派工作。隨著專案開始推進，預料不到的障礙紛紛出現。有時候，Tech Lead 抗拒不了逞英雄的慾望，一手攬下所有困難，熬夜加班來搞定一切。身為 Tech Lead，你的確需要寫點程式碼，但這件事不能佔掉全部工時。就算實在忍不住，想自己把兔子拉出魔術帽，你也應該事先溝通這個障礙。產品經理必須及早知道任何可能出現的挑戰。根據需要，務必適時尋求工程經理的協助。在健康的組織中，人們不會羞於儘早提出問題。在一個產品經理願意妥協的功能上花費過多時間和精力是技術團隊經常失敗的原因。當大型專案臨近交付期限，在承諾過的軟體功能上有所妥協的情況屢見不鮮。你應該開始尋找分派工作的機會，尤其是當系統中有一些你應該打造卻沒有足夠時間執行的部分。

根據上述角色描述，在成為 Tech Lead 的過程中，你必須扮演好軟體開發者、系統架構師、商業分析師和團隊負責人的角色，知道什麼時候可以單槍匹馬搞定任務，什麼時候應該將工作分派給他人。幸運的是，你不需要一次性扮演所有角色，完成所有任務要求。起初一定很不習慣，但隨著時間和經驗的累積，你會找到最適合的平衡。

請教 CTO：我討厭當 Tech Lead！

我以為成為 Tech Lead 是件好事，但現在我的經理希望我追查關於專案狀態的所有細節，並且回報她何時應該完成哪些事情，我真的很討厭這樣。為什麼沒人告訴我 Tech Lead 是件苦差事？

我懂，這些新的工作責任都很有挑戰性。我喜歡將這個特別的問題稱為「勝利之石」（辛普森家庭的粉絲一定懂我的笑話。）所謂的勝利之石是比喻某人全心全意追求認可，到頭來卻發現獲得認可需要付出沈重代價。雖然在工程師的管理領導生涯的許多階段中都會遇到這個問題，但 Tech Lead 階段無疑要背負最沈重的勝利之石。Tech Lead 很少有薪資或職級上的提升，而且第一次擔任 Tech Lead 的人們，通常對新職責的艱難一無所知。我在關於 Tech Lead 的職稱定義中曾經提過，許多公司認為這個職位更像是一個臨時頭銜，更像是在漫長的職業生涯中可能多次承擔或放棄的一系列責任。它可能是為了晉升到更高職位的必要墊腳石，但 Tech Lead 這個職位通常不是能夠帶來立即回報的里程碑。

為什麼 Tech Lead 的角色伴隨如此沈重的負擔？比起身為個人貢獻者的資深工程師，Tech Lead 的職責範圍還要更加廣泛。Tech Lead 被要求協助設計、架構專案，並且關照所有環節，付諸行動完成所有規劃工作。Tech Lead 應確保團隊完全理解專案需求，且工作經過妥善規劃，團隊高效工作且成果斐然，而達成這些期望，通常不需要既定

的管理責任，也不需要事先參加任何特定培訓。而且，現實地說，大多數經理會期待他們的 Tech Lead 繼續編寫和以前相同份量的程式碼。基本上，接任 Tech Lead，純粹是責任和工作範圍的增加。如果你是新手 Tech Lead，你應該忙翻天了。

所以，恭喜，他們賦予你一顆「勝利之石」！幸好，這個沈重負擔最終將使你變得更強大，並且給予你在職涯道路繼續前行的必備技能。等你逐漸上手之後，這顆石頭不會一直像現在看起來這麼沈重。

管理多項專案

我依舊生動地記得第一次參與複雜專案管理的經驗。當時，我第一次擔任 Tech Lead，而我的團隊正在執行一項非常複雜的任務。我們有一個拓展到最大臨界規模的既有系統，在對這個系統進行所有可能的攻擊後，確認萬無一失後，我們決定是時候在多台機器上運行系統。那時，分散式系統的概念才剛嶄露頭角，大多數軟體開發人員還在摸索建立分散式系統的最佳實踐。不過，我們擁有一個聰穎且才華洋溢的工程師團隊，我們相信一定能找出最佳方案。

我們確實找出方法了，進展緩慢卻踏實。我們花了很多時間思考系統設計和分解運算組件的各種方法，以便在多個機器上運行具有可行性。然後，有一天，我的老闆麥可將我拉進他的辦公室，要我制定一個專案計畫。

這是有史以來最慘烈的體驗。

我不得不接下這極其複雜的一系列任務，試圖找出哪些任務依賴於其他任務。我不得不反覆考慮各種依賴項目。如何在我們所依賴的複雜測試框架中順利運作系統？我們該如何部署這個系統？

什麼時候要訂購硬體著手測試？整合測試耗時多久？無數的問題排山倒海而來。我時常走進麥可的辦公室，在他對面坐下，中間隔著一張大木桌，然後我們一起琢磨任務描述、交付日期和各項細節。他會稍微指點我，然後將我推向需要更多工作的地方。

這不是我熱衷的事情。在我的腦海裡銘刻著這一系列令人沮喪且乏味不已的步驟，我不得不克服不確定性、對於犯錯的恐懼、害怕遺漏任何部份的情緒，才終於制訂出一個能讓麥可點頭的計畫。然後我們又開始新的一輪繁瑣工作，將這份計畫轉換成另一種領導團隊能夠接受的格式。這項經驗差點殺死我。不過，這也是我在職涯中最重要的學習經歷之一。

敏捷軟體開發難道不是狠狠擺脫專案管理了嗎？錯。敏捷軟體開發是思考工作的優秀方法，因為這個原則迫使你專注於將任務拆解成更小的部份，細緻地規劃這些小部分，採用漸進式交付價值，而不是一股腦地一次完成。遵循這些開發原則並不代表你不需要瞭解如何執行專案管理。有一些出現「基礎設施」、「平台」、「系統」等字眼的專案，會需要架構設計或更進階的專案規劃。遇到這類充滿許多未知性和相對難掌握的死線時，你會發現標準的敏捷流程並不適用。

想在職業生涯中繼續前行，你需要理解如何拆分那些超出你個人能力範圍的複雜工作。對於一個長期運行，以團隊為單位的專案來說，專案管理並不是大多數人感興趣且熱衷的事情。我覺得這項工作很乏味，有時還很嚇人。我想做的是軟體佈建和創造價值，而不是琢磨如何分解任務細節仍然非常模糊的專案。我擔心被咎責，也害怕在規劃專案的過程中錯失一些重要的東西，導致專案失敗。然而，另一種選擇雖不是快速失敗，卻是讓專案慢性死亡。

在某些組織中專案管理過度氾濫，專案管理的真諦其實不是每一次工作都要求詳實透徹。我甚至不喜歡雇用專案經理，因為這角

色經常充當工程師的拐杖，而不是去思考他們未來的工作內容，並未針對他們「在做什麼？」和「為什麼做？」提出真正的問題，專案經理的存在意味著你採行瀑布式專案，而非敏捷開發流程。話雖如此，專案管理依舊必要，身為 Tech Lead，你必須在必要時挺身而出，尤其是在高度涉及技術內容的專案。

歸根結底，規劃的價值不在於完美執行計畫，萬無一失地掌握所有細節，也不在於你有預測未來的能力；其真正價值在於，要求你嚴以律己，在深入瞭解和觀察發生了什麼之前，自發地先行琢磨一項專案。在你可以合理作出預測和計畫的地方，一定程度的深謀遠慮才是規劃的真正目標。無論計畫的結果如何準確，真正重要的是花時間思考計畫的「行為」。

回到我的專案管理初體驗，那項專案是否按照計畫完美運行了呢？當然沒有。在推行專案的過程中出現了無數顛簸，bug、意外延誤，還有我們錯失的東西。然而，令人驚訝的是，我們幾乎可說是準時交付了專案，當然我們也度過了一連串不眠不休的夜晚。經歷各種方法，我們終於成功地做出了變更，將這個複雜系統轉變成一個分散式、可部署的軟體工件，同時有 40 位軟體開發人員在各自的軟體版本上開發，將變更並發地整合到程式碼主幹上。擁有偉大的團隊，並且擁有一個專案計畫，方能讓這一切化為可能。我們思考過專案的成功要素，成果會是什麼樣子，並且確認了一些可能致使專案失敗的風險因素。

自從與麥可那一系列令人沮喪的會議以來，我也開始有了自己的專案規劃會議。現在的我是當年的麥可，坐在我對面的卡蘿、艾莉西雅或提姆，他們每個人都對計劃缺乏細節而感到挫敗，他們離開會議，做著令人不適的工作，努力思考那些程式碼以外的東西，那些無法完美預測的東西。正是經過了這令人不甚習慣的專案規劃工作，他們所有人領導的複雜專案都獲得成功，並且更有能力建立規模更大的系統，帶領更大的團隊，因為此時的他們明白了拆解專案的真正含義。

花時間好好解釋

博士課程的最後一哩路是論文答辯。身為博士候選人的你，在經過多年的潛心研究，在領域專家小組面前發表，他們將判斷你的研究成果是否能為你贏得博士學位。幾年前，我有幸從美國應用數學領域的名校中獲得數學博士學位。在專家小組中有一位評審委員是數值分析領域的知名數學家。他在我（成功）論文答辯後所說的話一直縈繞在我心中，貫穿整個職業生涯（不僅只是數學領域！）。他說：「你的論文是我近幾年來讀過邏輯最清晰，論述最明確的作品之一。謝謝你！」我當然覺得無比高興，但也對他的話感到非常驚訝。我原以為，身為一名世界級數學家，他「對一切瞭若指掌」，只會「觀察」我的論文會得出什麼樣的結果。事實上，正如他解釋的那樣，他的確有能力這麼做，但這卻是因為我不厭其煩地解釋了問題空間的基本概念以及想法背後的動機。我從未忘記這一課。從那之後，在軟體組織和大型組織中服務多年後，我開始更能體會那些評語的字字珠璣。

我們認為管理層「懂」我們這些技術專家做的事情。只要「讀代碼吧，兄弟！」我們生活中所接觸的軟體對任何從事技術工作的人來說都是顯而易見的，對吧？事實並非如此。技術經理招募最優秀的人才（最好如此），請他們解決最困難的問題。但這些技術經理並非「瞭若指掌」。當我以一種不帶威脅性、不居高臨下的方式解釋一些非常基本的現代軟體概念（比如 NoSQL 是什麼東西？跟我有什麼關係？）時，我總是驚訝於坐在我對面的資深技術經理充滿感激的神色與回應。

最近，一位資深業務經理私下問我，為什麼將傳統部署的胖客戶端（fat-client）架構遷移到託管平台很重要。他承受著巨大的內部壓力來資助這項專案，卻對於專案必要性毫無頭緒。他可能也不好意思公開提問。我花了整整兩個小時向他解釋（而且沒有用到 PowerPoint！）現在，我會毫不猶豫把握任何機會向資深或新進人員解釋基本知識和

動機。這些解說並不會讓他們覺得渺小無用，而是幫助他們學會相信我的判斷和建議，然後我們一起促成改變。將時間投資在解釋想法非常值得。

—*Michael Marçal*

管理一項專案

所謂的專案管理，其實是將複雜的最終目標拆分成更小的部份，將這些部分大致按照最有效的順序排列，確定哪些部分可以平行完成，哪些部分必須按部就班，並且試著梳理可能導致專案進度放慢或完全失敗的未知因素。你想解決不確定性，努力找到未知，並且認識到儘管盡了最大努力，在這個過程中你仍然會犯錯，難免錯過一些未知的事物。以下是一些指導方針：

1. **分解工作：** 拉一個試算表或甘特圖，或是任何你偏好的工具，將你的大專案目標（例如重寫帳單系統）分解成無數個小任務。從最大的碎片開始著手，將大碎片分成更小的碎片，再將它們細分成更細緻的碎片。你實際上不必全部自己來。如果系統中你有不懂的部份，開口向瞭解那部份的人們尋求幫助。將大東西分解開來，然後將注意力轉移到工作的順序上。哪些工作可以立即開始？將這些工作交給那些能真正將它們拆分成工單任務的人。

2. **推進細節和未知要素：** 專案管理的訣竅是，就算你感覺遇到瓶頸或厭倦時也不要停下來。這項工作的確很累人，也繁瑣細碎。而且你也可能不知道如何做好這項工作。所以，繼續堅持下去，熬過那些煩惱、無聊和痛苦的時刻。好的主管會在你身旁給予幫助，告訴你哪裡不夠好，以問題來提示你方向，甚至和你一起解決一些問題。我們也不熱愛專案管理，但這是教學練習的一環。努力克服未知，直到你真的感到再花時間琢磨未知已經不能產生更多價值。

3. **運行專案並隨時調整計畫：**良好規畫過程的價值體現在幫助你了解專案進度，告訴你目前進度多少，距離完成目標還有多遠。當進度不如預期（總是如此），請讓每個人都了解情況。但現在，你不再需要茫然猜測專案進度，而是能夠清楚指出已經達成的里程碑，並能大致描述出預期範圍內的剩餘工作。

4. **利用規劃過程所獲得的洞察來管理需求變更：**根據最初的一組需求，你透過拆解專案內容學到了不少。如果需求在專案中途發生改變，請將這些洞察應用到變化之中。假如變化為專案帶來顯著風險，要求更多新的規劃，或者僅僅需要更多額外工作，弄清楚這些變更背後的成本。如果你正努力趕上一個不容推遲的死線，大致掌握變更所需的工作內容，能夠幫助你確定工作的優先次序、削減或簡化工作，以便在功能、品質和交付期限之間權衡，獲得最佳折衷成果。

5. **當你臨近專案終點時，重新審視細節：**當專案接近尾聲時，沈悶又再度拜訪。真正關注專案收尾細節的時候到了。還缺了什麼？需要哪些測試？需要哪些驗證？做一份事前報告（premortem），預先演練當這個大型專案發佈時可能在哪些環節遭遇失敗。決定「足夠好」的界線在哪裡，充分告知團隊這個界線，然後致力滿足。砍掉那些低於「足夠好」的工作，讓團隊專注於最重要的最終細節。制定發布計畫；制定撤回計劃。最後的最後，別忘了要慶祝專案大功告成！

請教 CTO：我不確定是否想當技術負責人

我的經理不斷敦促我成為 Tech Lead。她想讓我管理一個大專案。假如我接下這個角色，那麼我寫程式的時間會被大幅壓縮，因為我必須參加許多會議，處理各種協調工作。我不覺得這會是我喜歡的，但是我應該怎麼做呢？

我強烈反對強迫人們接手管理職位的做法。如果你還沒有準備好承擔管理責任，請不要勉強。繼續提升技術實力並沒有錯，尤其是當你覺得在成為技術專家之前還有很大進步空間的時候。

優秀的經理會尋找能夠擔任更大領導職位的潛在人才，有時候，這樣的求才若渴卻會造成反效果，讓人們還未打下堅實程式碼基礎之前就離開技術工作。這可能對你的職業生涯造成非常負面的影響，因為就算成為了資深工程師，但被認為「不夠瞭解技術」的人們將很難繼續升職，無緣承擔更大管理責任。比起一心多用，同時學習技術和管理能力，專注在個人貢獻者的角色裡，專心致志地學習你需要的技能這件事將容易得多。

在某個時刻，為了在職涯中取得進展，你大概需要接下 Tech Lead 的工作，即便你依然想選擇個人貢獻者（非管理職）的職業道路。然而這不代表你現在就得擔任 Tech Lead。如果你覺得在團隊中有許多純技術的學習等待著你，而你更願意為由某人管理的專案貢獻獨立的工作成果，那麼，不要接下 Tech Lead 的角色。另一方面，假如你已經對技術駕輕就熟，工作上不再感到挑戰性，也許這時是敦促自己學習新技能的好時機 —— 試著掌握 Tech Lead 的管理技能吧！

決策時刻：留在技術職或走進管理職

究竟該走向管理職，或者繼續留在技術崗位，這項決定非常困難。首先，這個問題必須根據個人所處情境而定，我無法斷言你該走哪一條路。不過，身為一個追求並走過這兩條路的人，我能與你分享我對這兩種職位角色的想像，以及我最終體驗並觀察到的真實情況。事先提醒，這些只是一部分縮影，且工作並非一成不變，接著，請讓我娓娓道來，我對於工作的想像與實際情形的分歧。

想像中的生活：資深個人貢獻者

你的日子在深度思考中度過，運用智慧解決各種挑戰，你和其他深度思考者一起合作解決新穎又有趣的難題。你做的是軟體開發，所以不可避免地要先搞定與正事不相干的事，但你可以做一些有趣的工作，你對工作內容有極大選擇權。你熱愛寫 code，修 code，讓程式碼運算速度變快，指揮電腦做新的事情，你將大部分時間花在這些工作上。

因為你很資深，經理們會在正式開發之前向你徵求建議，所以你知道正在進行的一切，但你不需要去和真正做開發的人打交道。你被邀請參加做出重要決策的會議，而且會議數量恰到好處，不會多到打亂你的工作流程。初階開發人員非常看重你的意見，將其奉為圭臬，積極接受回饋，但這些互動也不至於頻繁到干擾你的思考時間。

你的職涯上升軌跡從來不曾停歇，總是會有新的大問題供你解決，向組織展現不可或缺的價值。你辛勤工作，但很少被要求熬夜或週末加班，因為我們深深知道，工時太長難以成就高品質，無益於需要深度思考的工作。如果你不小心工作到很晚，那是因為你停不下來，迫不及待想完成手頭上的功能或修復剛剛發現的 bug。

你有機會寫書、演講、創造開源專案——如果運氣不錯，你也堅持不懈，很可能在整個行業中累積一些名氣。沒人在乎你是否性格內向或是怪咖，也沒人期待你顯著提升溝通風格，因為你怎麼說都是金科玉律。組織裡的所有人都認識你，知道你創造了多大價值，並對你的意見表示敬意。

簡而言之，你在有意義的工作、名聲和不斷積累的專業知識三者之間取得完美平衡，你擁有極大價值，備受尊敬，薪水優渥，並且具有影響力。

現實生活：資深個人貢獻者

如果你找到了對的專案和對的時機，你的生活就像天堂。工作具有挑戰性，你得以學習新事物。對於日常工作擁有很大的控制權，而且要開的會比你的管理層同事少得多，但你的日子不總是在快樂的狀態中度過。每個專案都會經歷一個階段，你必須推銷想法，讓人們相信這就是正確的做法。或者你已經實作系統，但現在你需要讓其他團隊開始使用它，所以你要花上幾天向他們展示所有細節，解釋系統的用處和優點，並試著說服這些人去遊說主管，爭取時間採用系統。

你的職涯上升軌跡不如預期地迅速，也並非輕而易舉。事實上，轉折來得相當慢。能夠證明你具有非凡價值的大型專案如鳳毛麟角。團隊不需要新的程式語言、新的資料庫或最新的網路框架。你的主管不擅長指派出色任務給你，向整個組織展現你的才華；她希望你來告訴她這些機會在哪兒。挖掘好專案這件事似乎是運氣問題。好死不死，選到爛專案，你花了幾個月，甚至好幾年的時間，儘管全力以赴，專案卻可能被全面封殺。你有點嫉妒走上管理職的朋友，他們的發展前景大好，而且升職速度飛快。

周遭的開發人員形形色色。你做人蠻成功，受人欽佩與尊敬，他們願意聽取你的意見，但其他人似乎暗中嫉妒你的影響力。新的開發人員要麼是想佔用你大量時間，要麼出於不知名原因而懼怕你。在你的同儕之間存在明顯的競爭關係，人人都想爭取大的專案、有趣的專案。

與主管的相處讓你有點心煩。她沒有百分百支持你將某個系統開源化的渴望，即便你認為它為整個軟體行業提供新的紀錄檔紀錄（logging）方式。如果你想參加演講或撰寫書籍，她會建議你善用私人時間。關於技術問題，她會徵求你的建議回饋，但有時會忘記告訴你最新倡議，然而此時為時已晚，你無法再發表意見。你懷疑你錯過了重要資訊，是因為你沒有參加正確會議，但

每次她邀請你參加這些會議時，你都會想起會議有多無聊低效，以及你失去了多少寶貴的專注時間。她也沒有太多耐心聽你訴說擺脫繁瑣工作的渴望，比如回覆 email、面試新人，或是即時回覆 code review。

儘管如此，大多數時候你還是可以進行構建。你可以把時間花在技術問題、系統設計和工程問題上，你不必花費大把時間與人打交道或參加無聊透頂的會議。如果你想要嘗試新的東西，你經常能選擇想做什麼專案，而且可以輕鬆地從這個團隊移動到另一個團隊。你剛剛發現原來你的薪水比主管還要高！所以，生活也還過得去。

想像中的生活：技術主管

你帶領一個團隊，擁有控制權，你可以做出決策，人們按照你的方式行事。你的團隊相當尊重你，並樂意在所有事情上聽從你的權威。你認為團隊應該寫更多測試？只要說聲：「去寫更多測試來」，他們一定謹遵吩咐！無論性別族裔，你期許一個人人受到公平對待的地方？你完全有能力打造這種工作環境，如果有人對團隊造成不當影響，你可以直接解僱任何越線的人。

你在乎人們的感受，即便他們不同意你的觀點，但心底也明白你的初衷都是為他們好。當他們不確定你說的對不對時，他們願意暫且相信你。假如你搞砸的時候，他們會在一對一會議告訴你真實想法，並且渴望聽見你的回饋。當然，與人打交道難免倍感壓力，但他們知道你是真的關心他們，所以這些人際互動讓你覺得充滿成就感。由於你位於具權威性的位置，你能親眼見證你的指導立即產生影響。

當你看見另一位經理做了一些看似錯誤的事情時，你能夠不加保留地給出建議，就如你幫助某位工程師解決系統設計問題一樣。其他經理總是樂於聆聽你的想法，他們親眼見證你如何幫助團隊

高效工作，瞭解你有多在乎打造健康的組織文化，以及讓每個人變得更好的熱忱。

你的主管給予你許多指導，但很少插手告訴你下一步該做什麼。當你覺得準備好接手規模更大的團隊時，你的主管會毫無保留地給你更多的人，擴大你的組織。她為你訂下清晰明確的目標，很少改變已經決定好的事情。儘管你身負許多責任，你仍然能抽出時間撰寫部落格文章和發表演講，而且你被鼓勵從事這些活動，因為這將幫助你的團隊招募優秀人才，並且提升你在技術行業的地位。

簡而言之，你擁有決策權，你能創造文化，你的高效率眾所周知，快速升職，薪水優渥，職涯發展值得期待，前景大好。

現實生活：技術主管

你帶領一個團隊，你有一些控制權，但你很快會發現，單憑隻言片語無法讓人們主動做事。你的日常工作似乎失控，節奏全被打亂。在大多數情況下，你整天都在開會。你其實心裡有所預期，但實際體驗過才知道箇中滋味。當你只帶一個小團隊時，你有能力平衡各項工作，還能寫寫程式碼。隨著團隊規模越來越大，你只能揮淚告別程式碼工作。寫 code 變成一件沒有時間完成的憾事。每當你抽出幾個小時來寫 code，你會意識到 check in 你所寫的程式碼然後讓團隊進行維護是相當不負責任的行為，所以你能做的最多是，在這裡刻個腳本，在那裡 debug 一下。專注構建一個完整的東西似乎變成遙遠的記憶。

你能夠做出決策——嗯，某些決策。實際上，也許你可以縮小決策範圍。你可以要求團隊專注在某些工作上，比如編寫更好的測試，但團隊仍要根據產品路線圖交付產出，而且他們對於應該優先處理哪些技術任務有著主觀意見。所以，不只是為你自己做出決策，你還要幫助團隊做出定案。你的主管會設定目標，但有時會朝三暮四，讓你疲於向團隊解釋這些變動。

你的確為你的團隊設定文化標準，然而影響有好有壞。當他們照著你的最佳期望希望行事時一切皆大歡喜，但當你發現團隊有樣學樣，複製你的缺點時你也很頭疼。

你的團隊不會理所當然地認同你、尊重你，甚至是喜歡你。你發現頭銜不代表權威。當專案進展不盡人意，或者你不得不告訴人們，他們升職的時候未到、今年沒有加薪或獎金時，你會發現自己苦於使盡全力激勵人們。有些人不開心也不會向你反映，他們就是厭倦了，在你發現不對勁時就離職走人。當公司業務蒸蒸日上，擁有充裕預算，令人興奮的專案不勝枚舉，生活是很美好的。當日子不那麼一帆風順，你會發現想讓人們變得開心多麼困難。更慘的是，除非跑遍一整套令人抓狂的 HR 流程，否則你不能輕易解僱人們！儘管如此，你可以看見，你的工作對一些人來說很重要，你的指導讓他們更快樂、更成功。這些微小的勝利給予你力量，陪你挺過許多艱難時刻。

其他經理對你的意見回饋不感興趣。事實上，當他們認為你侵犯了他們的地盤時，他們覺得你太愛多管閒事，充滿威脅。你自己的主管不認為你已經準備好帶領更大的團隊，但他也無法真正解釋原因；他的指導技能差強人意，存在許多改善空間。可能他只是擔心你會搶了他的風頭？不過，他肯定不希望你將所有時間花在演講分享上——當你離開辦公室太久他會很惱火，無論你因此為團隊帶來多少價值。找出如何在不傷害同事或老闆的情況下發揮領導力的政治斡旋比預期更加棘手。如果有機會帶領更大的團隊，你知道你一定能升職，所以，至少你的職涯道路是清晰的。當你發現手下的工程師賺的錢比你還多，你差點要崩潰了，所以你最好盡快將那個更大的團隊收入囊中。否則，這些排山倒海而來的壓力和東拉西扯還有什麼意義呢？

我最後的忠告是，一定要記得你有權利更換職涯跑道。人們通常會在某個時候嘗試管理職，然後發現他們不喜歡當主管，兜兜轉轉回歸技術職位。走上管理職，你不是不能回頭，但記得睜大眼

睛去嘗試。每個職位角色都有各自的優缺點，自己親身去感受最適合你的那一種。

好主管、壞主管：流程大頭目

「流程大頭目」深信這世上存在一種近乎完美的流程，如果能按造設計正確實施，一定能解決團隊所有問題。流程大頭目可能癡迷於敏捷原則、看板、scrum 原則、精益原則甚至是瀑布式開發方法。他們對 on-call 的人應該如何工作，code review（程式碼審核）該怎麼做，或者發布過程的細節等，抱有非常精確的想法。他們一絲不苟，追求細節，擅長暸解規則並精確遵循。

流程大頭目經常出現在 QA、helpdesk 或產品管理團隊中。他們也常見於諮詢顧問公司或其他高度重視衡量工作進度的組織。他們可能專注營運方面，儘管根據我的經驗，在典型的營運團隊中比較少有流程大頭目特質的人。對於專案管理團隊來說，流程大頭目是無可替代的重要角色，因為他們會盡力確保沒有任何一個任務被漏掉，並堅持一切都要按照規定進行。

當他們意識到大多數人不如他們嚴格遵守流程時，流程大頭目的苦難就開始了。他們傾向將所有問題歸結於未能遵循最佳流程，不願承認靈活變通的必要性和意外變化的不可避免性。他們經常將眼光放在容易衡量的事情上，比如待在辦公室的時間，卻與真正重要的微小細節失之交臂。

抱持「針對工作使用正確工具」信念的工程師成為 Tech Lead 時，有時就會變成流程大頭目，永遠在尋找正確的工具來解決所有問題，這些問題包括專案規劃、安排重點任務、時間管理和決定優先順序等。他們試圖在尋找完美無缺的流程方法時停下手邊所有工作，或者不斷在團隊中推行新的工具和流程，以便解決團隊互動的所有混亂。

流程大頭目的相反，不是一個完全放棄流程管理的經理，而是深刻明白流程管理必須滿足團隊和工作需要的人。諷刺的是，雖然「敏捷」原則的實施經常令人感到僵化，但敏捷軟體開發宣言卻為流程領導下了完美總結：

- 個人與互動 重於 流程與工具

- 可用的軟體 重於 詳盡的文件

- 與客戶合作 重於 合約協商

- 回應變化 重於 遵循計劃

身為一位新官上任的 Tech Lead，請避免過於仰賴流程來解決團隊中出於溝通或領導鴻溝而產生的問題。有時更改流程有所助益，但不是每次都能見效，而且沒有兩個優秀團隊在流程、工具或工作上如出一轍。我的另一則建議是發掘能夠自我調節的流程。如果你發現自己扮演著類似工頭的角色—批評違反規則或不遵守流程的人—請檢視這些流程是否能加以改善，變得更讓人容易遵循。扮演規則糾察隊只會浪費你的時間，自動化通常可以讓人更清楚規則細節。

如果你是流程大頭目的主管，請幫助這個人更易於接受模糊性。正如許多經理人可能踏入的陷阱，對流程的癡迷可能源自害怕失敗和為了防止意外發生的控制欲。如果你坦誠地明確表達失敗和不完美是安全的，這樣通常能讓流程大頭目不至於時刻緊張兮兮，能夠更坦然地接受一些不確定性。防止流程大頭目花費所有時間尋找完美無缺的工具或流程非常重要，尤其是必須確保他們的團隊不會因為未能遵守流程而受罰。

如何成為優秀的 Tech Lead

優秀的 Tech Lead 擁有許多共通之處，以下是最為重要的幾個特徵。

透徹瞭解架構

如果你接下 Tech Lead 的角色，但不覺得自己充分掌握你負責的技術架構，請花時間去理解它。認識系統、學習一切、搞懂細節，將其視覺化，瞭解架構中所有連結，資料所在，在系統之間資料如何流動。瞭解架構如何反映它所支援的產品，弄懂這些產品背後的核心邏輯。假如你不瞭解你正在改動的架構，你絕不可能出色領導專案。

注重團隊精神

假如你一個人做了所有有趣的工作，請停下。關注那些棘手的、無聊的或令人討厭的技術需求領域，看看你是否能解決這些領域。著手程式庫中不那麼有趣的部分可以教會你許多關於流程漏洞的知識。即便是百般無聊或令人洩氣的專案，如果有經驗的人願意花時間去照看，通常也會發現並解決一些顯而易見的問題。如果你總是在做最無聊的工作，也請停下來。你是一位資深工程師，擁有開發天賦，承擔更難的任務合情合理。你想鼓勵團隊中的成員學習整個系統，你想給他們機會挑戰自己，但這不代表你總要自我犧牲。偶爾給自己一個有趣的任務，只要你知道自己有足夠時間完成它。

領導技術決策

你將參與團隊的大多數重要技術決策。然而，參與並不等同於獨攬大權。如果你在沒有徵求團隊意見的情況下做出所有的技術決策，當事情出錯時，團隊會產生怨懟，將錯怪在你身上。另一方

面，如果你沒有做出任何技術決策，讓團隊自行決定所有事情，那些本可以很快下定論的問題可能始終等不到明確的解決方案，只能持續拖延下去。

你必須確定哪些決策必須由你來做，哪些決策應該委託具備專精知識的人，哪些決策需要整個團隊共同解決。在可能出現的所有情境中，搞清楚問題核心是什麼，並且妥善傳達決策內容。

溝通

現在，你的個人生產力不比團隊整體生產力重要。通常，這意味著你必須付出溝通的代價。從此不是讓所有成員參加會議，而是由你代表團隊溝通他們的需求，並將會議結果傳達給團隊所有人。溝通能力是成功領袖從人群中脫穎而出的卓越特質。成功領袖善於寫作，勤於閱讀，並且不畏站在人們面前發言。他們在會議中全神貫注，不斷測試自己和團隊知識的極限。現在是練習寫作和口語表達能力的絕佳時機。寫設計說明文件，向優秀的寫作者徵求建議回饋。在你的技術部落格或個人網站撰寫文章。在團隊會議中發言、在聚會中分享，在觀眾面前練習發表意見或演講。

在整個溝通交流的過程中，別忘了傾聽。給別人說話的機會，聽聽他們說了些什麼。練習把事情重述一遍，確認你真的理解人們的想法。學習聆聽他人說的話，並用自己的話重新表達。如果你不擅於記筆記，那就多加練習。無論你選擇追求技術或是成為主管，聆聽力都非常重要——如果無法交流或傾聽別人所說的話，你的職涯成長將受限於此。

評估你的個人經驗

- 你的公司有 Tech Lead 嗎？這個職位是否有明文記載的工作描述？如有，Tech Lead 有什麼條件要求？如無，你會如何定義這個角色？ Tech Lead 會如何描述他／她的角色？

- 如果你考慮成為 Tech Lead，你準備好提升自己了嗎？你是否願意多花時間在程式碼之外的事情上？你對程式庫的知識與理解足夠帶領其他人的工作嗎？

- 你有沒有和主管討論過對於 Tech Lead 的工作期許？

- 你有沒有和優秀 Tech Lead 共事的經驗？他／她做了些什麼出色事蹟？

- 你有遇過令人喪氣的 Tech Lead 嗎？他／她做了什麼讓你感到沮喪不已？

4

管理個別成員

新手工程經理會認為這份工作代表升職,為他們累積在工程實務的資歷。這種不成熟的心態恰恰說明了他們仍然是管理初心者,而且是不成功的領導者。雖然「新手主管」是一份沒有任何資歷可言的入門級工作的事實令人難以接受,但這才是開啟領導之路的正確心態。

——Marc Hedlund

恭喜!你已經進步到人們信任你足以管理其他人的程度了。也許你已經完成 HR 部門的基礎管理知識的訓練課程,也許你曾經遇過一些令你心生效仿之意的優秀主管。現在,將這些想法付諸實現的時候到了。

首先,我們先將重點聚焦在管理個人上。市面上有許多管理叢書能為你帶來啟發;本書目標是提供我個人認為的管理要素。當你坐上主管的位子,你應該如何帶人?有哪些基本要素需要注意?

在這段轉向管理之路的過渡期中,你應該將一部分重心放在確認自己的管理風格上。你們中許多人將會學習如何管理個別人員,同時負責管理團隊。下一章我們將更深入討論與整個團隊互動的各項挑戰,以及你的角色定位在技術方面將會出現哪些變化。畢竟,想要打造健康的團隊,首先要確保每個人健康無虞,身為主管,你將為團隊每個人帶來巨大影響。

我們將討論主管帶人的主要任務：

- 帶領新的下屬

- 定期一對一會議

- 針對職涯發展、目標進展、改善領域給予回饋，並且適時給予表揚

- 和下屬共同確認學習領域，並透過專案工作、外部學習機會或額外指導，幫助他們獲得成長

立即開始新的回報關係

當上主管後，你會獲得一批下屬。這些人可能是你共事過一段時間的人，也可能是素未謀面的對象。在未來的管理生涯中，你將反覆經歷這個獲得新下屬的過程。要如何快速瞭解這些人，讓你的管理心法派上用場呢？

建立信任與融洽氣氛

多問問題是一種可行策略，幫助你全面瞭解這個人，好讓你知道如何管理他。這些問題包括但不限於：

- 你偏好被公開表揚還是私下表揚？

  有些人真的很厭惡被公開表揚，要注意這一點。

- 如果回饋內容偏嚴肅，你習慣什麼樣的溝通方式？你更喜歡以書面形式獲得回饋，好讓你有時間消化它，還是你更偏向口頭上的回饋？

- 讓你決定在此工作的原因是什麼？哪些方面令你振奮？

- 我如何知道你心情不好或有煩惱？有沒有什麼事情總是令你心情不佳，而且是我應該注意的？

  也許你的下屬因為宗教原因必須禁食，飢餓有時會讓他變得暴躁。也許他總在值班待命時感到壓力很大。也許他討厭年度績效考核期。

- 主管做出哪些行為會讓你感到不適？

  假如我被問到這個問題，我的回答會是：跳過或一直重新安排一對一會議，疏於給予回饋，逃避棘手的對話等。

- 你心中有哪些明確的職涯目標好讓我協助你實現嗎？

- 自從你加入公司／團隊後，有遇到什麼驚喜（無論好壞）是我應該知道的嗎？

  比如：我的股票選擇權在哪？公司答應給我一筆搬家費，但我還沒拿到。為什麼我們使用 *SVN* 而不使用 *Git*？我沒想到這麼快就得有產出！

可以參考 Lara Hogan 的部落格文章尋找更多靈感，透過提問來瞭解如何帶領下屬。

建立 30/60/90 日計畫

許多經驗豐富的主管會採用的另一種方法是幫助下屬建立 30/60/90 日計畫。計畫內容可以涵蓋基礎目標，例如盡快瞭解程式碼、修復 bug 或是發布程式碼，這對於新入職的員工或從公司其他部門調來的人們特別有助益。當你招攬進來的人越資深，這個人就越應該共同制定這個計劃。你會希望這個人擁有明確的目標，證明他快速進入狀況並且學到正確的東西。這些目標也需要你和整個團隊一起決定，因為很少有什麼事情是一目瞭然的、清楚紀錄的，對於新來乍到的人來說並非所有事情都是理所當然。

不幸的是，你偶爾會招募到不適合的人。為你的新員工制定一套在 90 天內能夠實現的清晰目標，能夠幫助你儘速發現這個人是不是適合這份工作，假如不適合，你需要清楚表明這種情況需要改正。你可以根據過去的招募經驗、目前的技術和專案狀態，以及這次招進團隊的人才水準，建立一套合理的工作目標。

鼓勵參與：更新 New Hire 說明文件

對於位於職涯早期或中期的新進員工來說，入職程序的其中一項任務可以是，為團隊的入職文件說明做出貢獻。許多工程團隊的最佳實踐是建立一套入職文件，由甫入職的新員工進行修訂與更新，同時幫助他們進入狀況。新員工對這些說明文件進行編輯，紀錄自上一次招聘以來發生改動的流程或工具，或者在他感到困惑的地方加上註解。身為主管，你不一定要親自帶領新員工完成這一過程——這任務可以指派給同事、導師或者技術負責人——但你必須負責強化這過程的重要性，鼓勵加入團隊的所有新人做出貢獻。

溝通你的行事風格和預期的目標

新員工需要清楚認識你的期望和行事風格，就像你需要瞭解他們的期望一樣。你們都需要互相調整以便適應對方，但如果新員工不明白你對他的工作期許，他當然無法交付你期待的東西。對你來說，設定預期目標時應該涵括基本的細節，比如了解進度的頻率、分享資訊的方式，以及你檢視工作成效的方法和頻率。假如你希望這個人每週以 email 傳送一份進度報告，那就明確告知你的期待。幫助他瞭解在解決問題時他應該花多久時間獨立作業，什麼時候應該果斷尋求幫助。對於某些團隊來說，這可能是一小時，對另一些團隊來說可能是一個星期。

從 New Hire 獲得回饋

最後一條建議：在頭 90 天裡，盡你所能去詢問新員工對於團隊的看法。這個時期，新成員帶著新鮮的眼光進來，通常會看到團隊老成員難以看到的面向。另一方面，請記住，人們在最初 90 天裡缺乏對整個團隊的脈絡知識，所以請以謹慎的態度聆聽他們的觀察心得，絕對不要鼓勵新成員以現有團隊可能感到被攻擊的方式批評既定的流程或系統。

與團隊進行溝通

> 規律的一對一會議就像定期更換機油；假如懶惰省略這
> 一步，到時候被困在公路上的人就是你。
>
> ——Marc Hedlund

定期一對一會議

我和一位 CTO 朋友有過一次頗為有趣的對話。儘管管理經驗異常豐富，但他依舊不好意思地向我坦誠很不喜歡做定期的一對一會議，因為他自己就很不喜歡和主管開那些他認為毫不必要的一對一會議。「定期的一對一會議就像你自認身心健康，去看心理醫生時卻發現自己得了憂鬱症。」我能理解他的感覺。每個人、每個團隊都有其個性，這是不可否認的事實：他們需要的東西是不一樣的，擁有截然不同的溝通風格，也可能關注不同的焦點。換句話說，如果你不是一位擁有多年人事管理經驗的首席技術長，那麼請預設自己需要定期的一對一會議。

安排一對一會議

通常，一對一會議的預設頻率為每週一次。我建議你先從一週一次的一對一會議開始，當與會雙方都認為這樣開會太頻繁的話再酌情調整。每週開一次會意味著你們之間的對話足夠頻繁，會議時間簡潔俐落，並且保留彈性空間，假使錯過一次會議也不會造成太大影響。假如你和下屬開會的時間不夠頻繁，任何錯過的一對一會議都必須額外找時間安排，更容易耽誤雙方的工作進度。

將一對一會議安排在你和下屬都會在辦公室現身的時候。週一和週五不是開會的好日子，因為人們有時候會在這幾天請假，享受難得的長週末。我更喜歡在事情變得繁忙之前的早上開一對一會議，避免行程衝突或因為突發因素而被迫重新安排會議時間。不過，上午的一對一會議只適合那些同樣早起而且沒有晨會要參加

的人。尊重你下屬的「生產力時間」，會議時間盡量不要安排在可能干擾他們發揮生產力的時候。

調整一對一會議

就像生活中的大多數事情一樣，一對一會議不僅僅是「光說不練，拋諸腦後」。有許多面向需要仔細斟酌：

在一週裡，你和這個人進行交流的頻率多嗎？

> 假如你經常和她產生互動，也許你不需要每週保留時間一對一會議。

這個人需要多大程度的輔導？

> 比起處於顛峰狀態的資深工程師，一個剛剛加入團隊的菜鳥需要更多的輔導時間。另一方面，正在推動全新專案的資深工程師可能需要你花更多的時間協助她完善工作上的細節。

這個人和你分享了多少資訊？

> 不擅於分享資訊的人可能需要更多面對面的時間。

你和這個人的關係有多好？

> 關於這個問題，務必保持謹慎。有些人認為好的關係無需太多的關注，於是把所有的時間精力花在處理糟糕的關係上。但是有相當多的人，包括我在內，都認為即使處於良好的互動關係，也非常需要定期的一對一會議。即便你覺得和這個人相處融洽，也不代表對方心中和你想法一致。不要將所有時間都花在問題員工上，請避免這樣致命的錯誤，要記得重視你的明星選手。

團隊或公司的近況是否穩定？

> 在一對一會議中經常討論到的話題是公司新聞。尤其當外在環境快速變化或不確定的時候，務必要花時間回答人們心中

的疑問。在充滿變動的時刻規律地和下屬進行一對一會議，可以幫助你穩定團隊軍心，遏止不實謠言的蔓延。

不同的一對一風格

現在，你已經著手安排好一對一會議，那麼該如何善用這些時間呢？我見過好幾種不同風格的一對一會議，最有效的會議風格既取決於管理者，也取決於被管理的人。

待辦事項型

一方或雙方都有一份等待完成的目標清單，雙方按照重要性依序完成這些目標。在會議中更新進度、討論作法、做出決策，並進行規劃。這種會議風格秉持「不要在無意義的會議上浪費時間」的原則，確保事情順利發生。當然，缺點是有時你會納悶為什麼事事都要同步周知。這份清單通常有些虛假，經常由原本可以透過聊天室或 email 處理的事情而組成。如果你決定採用這種會議形式，請確保你和下屬帶到會議上討論的清單有所價值，讓你們的一對一會議不失存在意義。請確認這些討論事項在一對一會議中確實值得以口頭交流。

總而言之，這種會議風格非常專業且高效，儘管有時候稍嫌冷淡。這會迫使你的下屬事先考慮他們想在會議上討論的內容。我認識的一位經理會使用 Google 試算表紀錄一對一會議上可供討論的議題清單，並且讓他的下屬有權限存取這份檔案。這樣，當某人有了新想法時，都可以自由地新增到表單中，並在一對一會議時共同討論。該做法給了雙方一個在會議開始之前，瞭解對方可能會想討論些什麼，並事先做好準備的機會。

打聲招呼型

我不能說自己是個有條有理的人，明確條列待辦事項的會議風格不太適合我。假如我的下屬喜歡這種風格，我也能從善如流，但

我更喜歡具有彈性的會議風格。我對於一對一會議的期待是聆聽下屬想討論的任何事情。我希望會議由他們來主導，我願意給他們空間，提出他們重視的任何議題。我認為一對一會議和專案規劃會議一樣，都是充滿創造性的討論。一對一會議形式偏向漫無邊際的缺點是，假如不加以規範，整個會議將會變成牢騷或諮商時間。富有同理心的領袖，有時會和下屬產生一種不太健康的工作關係。如果你開始把大量的精力放在聆聽下屬的抱怨和共情上，事態可能每下愈況。你不一定需要準備一份待辦清單，但是職場中的問題需要妥善解決或者經雙方同意而暫緩處理。將工作重心放在職場上的勾心鬥角，價值效益微乎其微。

建議回饋型

有時，一對一會議將作為非正式的回饋和輔導時間。定期舉行這類的會議，對尚在職涯發展早期的員工來說尤其有助益。每季度開一次回饋會議是不錯的頻率，足夠引起人們對回饋主題的關注，也不會讓人覺得你只想討論職涯發展。許多公司積極鼓勵員工設定個人目標，甚至規定了官方程序，所以你可以利用這段時間來檢視團隊或個人的目標進度。

如果員工出現績效問題，你應該更經常舉行回饋會議，如果你想解僱某個人，我建議你將這些回饋會議的討論內容記錄下來。這份檔案將會涵括你所討論的問題、為某人設定的期望，並以書面形式傳送給該對象（通常以 email 發送）。

當有人做出需要立即糾正的行為（比如對同事出言不遜、錯過重要會議、使用不當語言）時，請不要等待下一次一對一會議才提出你的建議。如果你看到或聽見下屬做出需要改善的行為，請盡快聯繫你的下屬要求改進。時間越久，你越難提出建言，而回饋成效也就越差。讚美也是一樣！當事情進展一帆風順時，不要吝於給予讚美——把握當下好好表揚。

進度回報型

當你開始管理一群經理時，許多的一對一會議會演變成，手下的經理向你回報那些你無暇督導深究的專案細節。當你只管理幾個人的時候，將一對一會議變成進度報告時間的唯一適用情境是，手下某人負責管理你沒有辦法親自監督的 side-project。從已經密切共事的人那裡聆聽進度報告無疑是浪費時間，因為你聽到的只是從現在到上一次 stand-up 會議或專案回顧會議之間的微幅進展。假如你的一對一會議經常變成進度回報，試著改變這個會議風格，讓你的下屬做好準備，回答與目前專案狀態無關的其他問題，或者讓他們準備一些關於團隊、公司或其他任何事情的問題，由你來為他們解答。對於那些除了進度報告之外真的沒什麼東西可談的人來說，你可以把這當成減少一對一會議頻率的信號。

瞭解你的談話對象

無論你選擇哪一種一對一會議風格，請保留一些空間去認識向你回報工作的人們，好好了解他們的個性、工作方式。我的建議不是要你去窺探下屬的個人生活，而是向他們表明你在乎他／她這個人。讓他們說說自己的家人、朋友、愛好或寵物。了解他們一路以來的職業生涯，詢問他們的長期職涯目標是什麼。不一定只能專注於下一個技能該學些什麼或只討論如何升職。讓他們感受到，你試著在現在和未來為他們提供助力。

綜合起來

為了避免會議形式千篇一律，你可以改成散步會議，用喝杯咖啡的時間，或者離開公司用餐的時間來進行一對一會議。不過要記得，假如沒做筆記，你可能會忘記一些重要的內容，所以不要在這種時候進行重要的談話。我們之中許多人的辦公空間都相當擁擠，只有少部分人擁有私人的辦公室，請你盡可能地避免公開進

行一對一會議，比如在隔音良好的會議室裡，你和對方可以自由地討論敏感話題，不必擔心被偷聽。

最後一個建議：你可以試著在共享的文件中記錄筆記，由身為主管的你負責撰寫。針對你所管理的每一位下屬，為他們紀錄專屬文件，從你們的一對一會議中提取關鍵要點、洞見和待辦事項，然後共享存取權限給你的下屬。這麼做能幫助你瞭解工作上發生了些什麼，也有助於記住你在什麼時候給了哪些建議。當你在撰寫績效考核報告或回饋意見時，這份文件將是寶貴的參考資料。如果開會時帶著電腦會讓你分心，那麼在會議結束時再花些時間做筆記。

好主管、壞主管：微觀管理者、委派工作者

主管珍妮指派了一個大專案交給手下的技術負責人桑杰來管理。這個專案月底必須完成，看樣子應該沒問題，但是珍妮還是很擔心會錯過死線。於是珍妮開始參加她通常不會出席的 stand-up 會議，並直接向團隊問及他們遇到的阻礙。當她發現桑杰和產品經理決定降低某個功能的優先處理順序時，珍妮認為由她接管整個專案的時候到了，她告訴桑杰，從現在開始，她將會管理團隊的所有日常工作。

儘管專案成功達標，但毫不意外地，桑杰告訴珍妮，他無意再擔任技術負責人了。事實上，桑杰看起來無精打采，再也不復勤奮工作，也不積極參與討論，現在的他在會議上默不做聲並且經常提前離開。她最優秀的團隊成員現在變成了工作表現最差的人。究竟發生了什麼事？

龜毛的微觀管理（micromanagement）悄悄向你襲來。一個不容任何閃失的重大專案看似有些風險，所以你主動介入來糾正這個情況。你委派了某件任務，但隨後發現你不喜歡團隊為了實現目標而做出的技術選擇，所以你要求他們重寫程式碼。你強迫每

個人在做決定之前都要問過你，因為你不信任他們能做出正確的選擇，或者曾經發生過太多錯誤而你總是為其付出代價。

現在，我們來看看珍妮的同事夏瑞爾會怎麼做。夏瑞爾指派下屬貝絲去完成她第一個大專案。夏瑞爾知道這項專案必須準時交付，但夏瑞爾並沒有參與所有會議、追蹤所有細節，相反地，夏瑞爾與貝絲一起確認他應該出席的會議有哪些，並且幫助貝絲瞭解哪些重要細節必須上報給他。有了這樣的支持，貝絲對於主持專案充滿信心，也知道夏瑞爾會提供幫助，當專案進入尾聲而進度有些緊張時，貝絲向夏瑞爾尋求幫助，縮小專案範圍以便準時交付。這次帶領專案的經驗讓貝絲變得更有自信，準備好迎接更大的專案，更努力為夏瑞爾工作。

珍妮和夏瑞爾的不同決策巧妙地凸顯了微觀管理者和有效委派者的不同之處。珍妮和夏瑞爾都分派了一個具有高優先度的大型專案，試著在團隊中培養下一位領袖。然而，珍妮始終沒有真正「放權」，抵銷了桑杰的努力，而夏瑞爾則讓貝絲明確掌握專案目標與她的職責，並從旁提供支援和指導，幫助貝絲取得成功。

微觀管理的棘手之處在於，有時候你真的不得不插手。菜鳥工程師通常需要在無微不至的監督下才能茁壯成長，因為他們需要明確且清楚的方向。有些專案可能偏離了預定軌道，你偶爾需要推翻下屬所做的決定來避免造成更大的負面影響。然而，假如像個控制狂一樣微觀管理所有人的工作是你的習慣，如果這是你帶領團隊的既定方法，最終，你可能像可憐的珍妮一樣，不小心傷害了你想要培養和激勵的對象。

缺乏信任和不肯放權是微觀管理的主要問題。如果你對某人進行微觀管理，有很大原因是你不相信某項任務能被正確完成，或者你想要非常嚴謹地控制結果，以便專案符合你個人的確切標準。當才華洋溢的工程師成為主管，尤其是他們對自己的技術能力深以為豪時，這種情況屢見不鮮。如果你對團隊的價值已經從你擅

長的事情（寫程式碼），轉型到你還不知道如何做好的事情（人事管理），那麼像個控制狂一樣微觀管理你的下屬顯然具有無盡誘惑力。當團隊難免錯過死線，你會認為團隊能力不足以準確控制局面，因此你不得不增加控制力。當你發現有些事情沒有按照你預期的方式進行，這看似強化了微觀管理的合理性，事必躬親地掌控團隊大小事似乎證明你善用了寶貴工時。

自主性，即你是否能夠自主決定工作的某一部份，是激勵人們工作動力的重要因素。這就是為什麼微觀管理者很難留住優秀團隊的原因。當你剝奪人們的自主權，創意與才華不得發揮，他們很快就會喪失工作動力。沒有什麼比無力自行做出決定，或是每一件小事都要被主管反覆檢視更糟糕的感覺了。

另一方面，委派和棄權不是同一回事。當你委派一些責任給下屬時，你仍然需要盡量參與其中，幫助專案獲得成功。夏瑞爾並沒有拋棄貝絲——他幫助貝絲瞭解新角色的職責所在，並在必要時刻挺身相助，為專案提供支援。

透過建言有效委派

想當一位好主管，最重要的是掌握「委派」的能力。

善用團隊目標瞭解值得關注的細節

假如你發現自己開始對下屬進行微觀管理，你可以試著詢問團隊，他們如何衡量專案的成敗，並要求他們持續向你回報衡量指標。如無必要，你無需採取行動，耐心等上一兩週，觀察團隊回報給你的內容。如果團隊成員沒有什麼可分享的東西，這就是一個徵兆，表示你可能需要修正團隊目前的方向，具體作法可能包括探究更多專案細節。

什麼時候應該詢問這些資訊呢？我的理念很簡單：如果專案進展順利，系統穩定，產品經理很高興，我通常不太會向團隊探究更

多專案細節。然而，這意味著團隊需要明確的專案計畫來推動進展，以及一位能給予你不同視角的產品經理。當你管理的團隊對專案沒有明確的計劃，請提供你想監督的細節來幫助他們建立計畫。這個月、這一季、這一年，你想讓團隊承擔哪些責任？如果你心中沒有答案，你要做的第一步就是幫助團隊建立這些目標。

在與人接觸前先透過系統蒐集資訊

身為工程師，我們的優勢是對系統的瞭解，無需要求團隊提供太多資訊，我們就能從系統中汲取出富有價值的資訊。如果你想瞭解團隊的工作狀態，可以查看版本控制系統和工單系統。如果你想瞭解系統的穩定性，可以訂閱系統警示通知、檢查穩定性指標，瞭解輪班待命時發生了些什麼。不斷向人們要求一些唾手可得的資訊的人是最糟糕的微觀管理者。你可以要求下屬回報工作狀態總結，也可以適度向團隊詢問來自上述這些系統來源的關鍵資訊。團隊成員絕對不樂意花上大半時間為你搜集一些你能輕易找到的資訊，團隊產出也會因此降低。記住，任何資訊都只是背景脈絡的一部分，並非全貌，你蒐集到的資訊必須契合團隊目標才能有所意義。

根據專案階段調整聚焦重心

如果你直接管理著一個或兩個團隊，你應該對這些團隊的專案進度、狀態細節瞭若指掌，這是你管理團隊的分內工作（例如參加 stand-up 會議）。工作細節在不同的專案階段中各自有其意義。在專案初期和設計規劃階段，對於促成完善的專案目標或優良的系統設計來說，你的積極參與舉足輕重。當專案的交付日期越來越近，掌握進度細節變成首要任務，因為此時有更多的決策等待著你，而關於專案進度的細節能為你提供更多可用資訊。然而，在正常的工作流程中，你只需要知道哪些順利進行，哪些部分花了比預期更多時間就足夠了，你可以利用這則資訊來重新調整工作安排，或者向陷入困境的團隊成員提供幫助。

為程式碼和系統建立標準

身為一個重度技術控，我對系統建構和運行方法有著鮮明的主觀看法。放權對我來說曾經是一件很難的事，所以我制定了一套準則規範來幫助我檢視系統架構。與團隊共同制定一套基本標準，將有助於團隊成員的相互交流，幫助程式碼開發、設計與審閱更加流暢，讓人們在給予建議時有所依循，避免不理性的回饋內容。對我來說，這套基本標準的內容包括：每當程式碼產生變更，我們需要多少單元測試？（一般而言，測試是不可省略的）、什麼樣的技術決策應該交由更大的團隊來執行？（比如有人想要引入新的程式語言或框架）。和制定明確目標的初衷相仿，設立一套規範可以幫助人們瞭解在創造技術時必須考慮哪些細節。

以中立或積極態度看待資訊的透明分享（無論內容好壞）

想像以下情境：傑克在專案上遇到困難，但他一直沒有尋求幫助來解決問題。終於，你發現了他的困境。此時，請告訴傑克他需要更積極主動地分享工作進度，即便他必須坦言遇到了困難。你可以讓傑克每天向你回報進度，但我建議這個方法只適合短期使用。此時的目標不是用微觀管理來懲罰他沒有及時回報工作進度，因為這麼做只會加重你自己的工作量，也變相地減損了他為工作負起責任的能力。相反的，你的目標是教導傑克學會溝通，在正確的時機用對的方式和人交流。不過，還是要提醒你一句，如果你將一位陷入困境的工程師或專案視為當事人或主管的巨大失敗，這個人勢必會感到責難和批評，他／她將不再坦露更多工作上的資訊，而是選擇隱瞞不說，以此來逃避指責，直到為時已晚。刻意隱藏重要資訊無疑是失敗之舉，應該將困在問題上或者犯錯視為學習的機會。

從長遠來看，如果你不知道如何對細節放手，委派和信任團隊成員，你的個人工作表現很有可能遭到反噬。即便團隊成員不離不

棄，但隨著你的責任越來越大，最終工作時間只會越來越長。假如你已經處於這種情境中，請試著縮減一週的工時。如果這一週你只能工作 45 小時，你會用這些時間做些什麼？你真的想花 5 小時吹毛求疵，挑剔菜鳥工程師的程式碼品質嗎？還是你想將注意力放在更大的問題上？你會多花時間關注未來，而不是當下的細節嗎？你的時間非常寶貴，不值得浪費在枝微末節上，你的團隊需要一個願意信任他們工作能力的上司。

建立持續回饋的文化

說到績效評估，你腦中第一個念頭是什麼？你害怕它嗎？還是你覺得這是浪費時間，讓人想翻白眼，還是一想到要做一大堆工作就忍不住頭疼？你會因為聽到什麼令人驚訝的新缺陷而感到恐懼嗎？還是你會因為能聽到別人對你的評價而感到緊張或興奮？

假如績效評估令你不寒而慄，記住，你並不孤單。不幸的是，並不是每一位經理都以成熟的態度處理或認真看待評估流程。既然你現在管理著一批人員，你就擁有了足夠大的權力來塑造績效評估給予下屬的體驗感受。這種體驗早在評估報告被寫出來之前就開始了，它始於持續的建議回饋。

持續回饋是一種定期分享正面回饋或修正建議的努力。我們鼓勵主管和同仁留意工作是否順利進展，在發生情況的當下立刻反映，而不是將所有意見留到績效評估當天才一口氣說出來。有些公司選擇採用相關軟體讓團隊輕鬆提供持續性回饋，並在日後追蹤這些回饋的後續發展，為團隊引入頻繁提供回饋的工作文化。對你來說，身為一位新上任的主管，養成持續回饋的文化是訓練你對人們的觀察與關注，這也能幫助你選賢與能，加以培育人才。你也在練習一門藝術：單獨和人們閒聊寒暄，偶爾傳達關於他們的工作表現等較為棘手的內容。很少有人天生對單獨表揚或糾正人們而感到自在，而持續給予回饋有助於克服尷尬。

你可以採取以下方法，幫助你掌握持續回饋的技能：

1. **瞭解你的人：**提供持續性回饋的第一個成功要素是對團隊成員的基本認識與瞭解。你知道他們的目標是什麼嗎？他們的長處和短處是什麼？他們目前工作程度高低，需要改善哪些方面才能更上一層樓？你可以翻閱過往的績效評估文件來取得這些資訊，但你也可以坐下來和團隊中每一位成員聊聊天，詢問他／她對這些問題的看法。這種對於成員的認識可以提供思路線索，以此建立你的回饋建議，並幫助你發現一些值得關注的事情。

2. **觀察你的人：**如果不夠細心，你可能難以提供有建設性的回饋。我認為嘗試持續回饋的最佳成效並非最後得出的實質回饋，而是持續給予回饋的行為迫使你開始關注團隊所有人。儘管你可能只管理著寥寥幾位下屬，假如在你的管理生涯早期就培養這個習慣，它可以幫助你建立肌肉記憶，習慣觀察人們在工作上的表現。你的首要任務就是練習在團隊中尋找人才，發現成就。優秀的經理知道如何找出人才，也知道幫助人們發揮更多優勢的竅門。的確，你也需要觀察人們的短處和等待改進的地方，但如果你花大半時間試圖讓人們改正弱點，最終，等著你的可能是持續批評，而不是持續回饋。

   有時候，設定目標蠻有用的，你可以定期要求自己去找一個值得表揚的人。養成積極認可人們行為的習慣，是一種幫助你去尋找值得稱讚的東西的動力，這樣的習慣反過來也能幫助你留意團隊成員各自為專案帶來了什麼東西。表揚不必總在公開場合，但每週至少應該找出一件事，讓你去稱讚團隊某一位成員。更棒的作法是，善用你的觀察，每週都找出所有成員的亮點並予以表揚。

3. **給予輕盈規律的回饋：**請從正面回饋開始練習。比起要求人們改正某些行為，給予正面回饋更加容易，也更有趣。

身為一個新主管，你還不需要一口氣擔起教練的重責大任。比起接受改善建議，多數人對表揚的反應更好，你可以強調他們在哪一處做得好，提升人們的榮譽感，引導他們做出更好的行為。

給予正面回饋的作法，也能讓你的下屬更願意傾聽改善建議。當他們相信上司看見了他們所做的努力時，他們會更樂於聽取建言。假如你看到了明顯的失誤，最好的作法是在當下迅速給予批評性回饋，但持續回饋並不僅僅是及時糾正。養成一個持續回饋的習慣，當你開始發現事情進展不太順利時就給予關注，而不是等到績效評估期來臨後才進行令雙方都不自在的對話。

加分題：提供教練式輔導（coaching）： 身為一位經理，你的最終目標是將持續回饋與輔導兩相結合，讓回饋的效果最大化。當問題發生時，你可以扮演教練的角色，詢問如果再有一次機會，他們會選擇怎麼做。當事情進展順利時，不要忘了表揚他們的努力，同時也可以為了未來更好的發展提出建設性意見。教練式的持續回饋，不僅僅是簡單一句「做得好！」，而是真正關注細節，和下屬建立密切的夥伴關係，盡心幫助下屬成長。

為什麼我會將教練式輔導列為加分題呢？這並非是做好分內工作的核心需求，而且很多時候，你可能既不夠格也沒有能力為團隊所有人提供需要的指導。教練式輔導對剛步入職場的成員，或是那些具有升職潛力或渴望進步的人來說最有助益。許多人安於現狀，只喜歡將自己擅長的事情做好，只要他們表現良好，硬是強加指導在他們身上，並不是善用你的時間。將你寶貴的輔導時間留給那些樂於接受的人。

績效評估

即便只是定期認可下屬的優秀表現,持續給予回饋也是好主管的必備技能之一。話雖如此,全方位的績效評估仍不可少。

360 度績效評估模式(360 model)是一種多面向的評估方式,除了從上司、組員、直接部屬以及經常密切合作的同事接收回饋之外,還包括自我評估。舉例來說,沒有直接部屬的工程師,可以向她團隊中的另外兩位工程師、她指導的新成員、合作的產品經理徵求意見回饋。績效評估是一個漫長的過程,你需要向許多不同的人尋求回饋。身為經理的你,必須蒐集所有評價與回饋,為被評估者進行總結。

投注於績效評估的時間帶來的回報,能夠幫助你更全面瞭解被評估者。除此之外,360 度績效評估能夠讓你大致認識他人對你下屬的評價。自我評估環節可幫助你瞭解下屬對自己的看法、他們的長處與短處,以及這一年來做出了哪些成就。撰寫總結性評價的任務,可以讓你多花幾分鐘思考被評估者的表現,以大局觀來做出總結。所有的評鑑任務都有助於你看見在日常工作的持續回饋中可能忽略的行為規律和趨勢。

績效評估之所以成效不佳,是因為人們沒有被給予足夠時間優先處理,而且許多人覺得寫績效評估很痛苦。我們傾向記住或過度強調最近發生的事情,而忘記六個月前或一年前發生的事。我們經常被各式各樣的偏見影響了判斷,這些偏見可能是無意識的,你也可能意識到自己帶有偏見。我們傾向透過成見來審視人們,批評一些人的行為,而對於其他人的行為反而不察。這些都是績效評估成效不彰的成因之一,這些事情對你來說可能並不陌生。即便如此,績效評估還是有其意義,身為主管的你,可以讓這個評估流程變得更有價值,端看你如何發揮影響力。

撰寫與傳達績效評估結果

以下是關於成功撰寫和有效傳達績效評估的指導方針。

留給自己充足時間，及早開始

績效評估並不是短短一個小時就能搞定的小事。工作上有幾百萬件事等著你去做，記得要特定安排一段完整充足的、不受打擾的時間來撰寫績效評估。如有需要，你可以申請在家工作。團隊成員值得你投注足夠的時間來閱讀蒐集到的回饋，好好消化這些資訊，然後做出完善的總結。我會建議第一步從閱讀你蒐集到的回饋開始，記下筆記，先消化這些資訊，不需要急於下定論。留給自己充足時間來撰寫績效評估，在評估報告的截止日期來臨之前，至少要回顧一次你寫下的內容。

大多數公司會希望經理們閱讀蒐集到的回饋並將其匿名化處理，最後由經理給予總結。但有些公司採用更開放透明的作法，讓來自同儕的回饋與評價原原本本地呈現給被評估者。即便是這樣開放的評估模式，身為主管的你也應該好好閱讀這些回饋，視為撰寫評估報告的養分，因為主管的評價經常被視為所有評估回饋中最重要的總結。

回顧一整年表現，而不只看最近幾個月

如果你好好記錄下一整年間每位下屬都做了些什麼，會讓績效評估這件事更容易。有一種策略是總結每一次一對一會議，包括所有你傳達過的意見回饋。假如你不是像這樣紀錄會議總結，我會鼓勵你查看 email，回想哪些專案已經啟動，回顧一下每個月發生了什麼事件，並將自己代入符合該情境的視角。回顧一整年的產出並不僅僅是要認可下屬在年初的工作成就，還能幫助你認可下屬在這段時間內的成長與變化。

採用具體實例，摘錄同儕回饋

如有必要，將同仁評價匿名化處理。如果你無法使用實際例子來支持某件事，問問自己這件事是否應該在評估過程中提出來。強迫讓自己的論點更有理有據，避免受到潛在偏見的影響。

將重心放在成就和長處

在評估報告中認可下屬的成就，描述哪些地方做得好，對出色的工作表現給予充分讚揚。這不僅適用於寫評估這件事上，向下屬傳達評估結果時也尤其應該給予表揚。千萬不要像大多數人一樣，讓人們跳過成就與長處，急於糾結於改進需求。這些長處是你用來判斷這人是否符合升職條件的重要依據，將你觀察到的長處好好記錄下來，仔細反思。

涉及改善領域時保持專注

寫下改善需求經常是回饋中較為棘手的部分。在最好的情境中，可能有幾個清晰的主題反覆出現在同儕評價中，而且既然你已經觀察到了，可以直接評論。以下是我見過關於改善需求的幾個例子：

- 有些人很難向別人說「不」，一直幫忙其他專案，而拖累了自己的工作進度。
- 有些人工作能力很強，但很難與人共事，在會議、code review 或其他需要協力合作的活動中傾向於過分挑剔或出言魯莽。
- 有些人不擅長將工作拆分為數個更小的可交付成果，在規劃、設計和完成工作之間難以取得平衡。
- 有些人和懂技術的工程師合作良好，但不擅長和其他部門或團隊共事。
- 有些人不願意遵循團隊公認的最佳實踐，經常偷工減料，做事馬馬虎虎。

很多時候，你會收到很多雜亂無章的回饋內容，充其量只有些許參考價值。有些人像是硬擠出幾行字填滿紙上空白，有些人卻提出極端負面卻沒有廣泛性的評價。假如你接收到了這樣雜亂的資訊，切記在向下屬傳達評估結果時，你的內容有理有據。舉個例子，如果只有一個人提到某人工作態度不夠嚴謹，究竟問題出在這個人的工作成果確實馬馬虎虎，還是給出評價的人標準比團隊其他人更高呢？如果遇到這種情況，請妥善運用你的判斷力。如果這則回饋建議對被評估者有所幫助，那麼你可以謹慎地分享，而不是盲目地傳達不滿。

假如沒有特別想提出的改善需求或意見呢？這表示，被評估者已經準備好升職，或有能力接受更具挑戰性的工作。如果這個人在目前職位中表現良好但還沒有準備好晉升，你可以在績效評估中告訴她需要再提升一兩項技能，才能符合升職條件。即使有些人沒有升職的野心，但科技業的技術發展日新月異，人們必須時時更新技能，方能不被時代淘汰，因此你可以在績效評估報告中建議他們學習新的技術能力。

避免意外驚喜

在傳達評估結果之前，讓對方做好適當的心理準備。如果某人在各方面都表現不佳，那麼這次績效會議不應該是他第一次接收到這種回饋。同樣地，如果某人最近升職了，你可能想要她做好接受更高評估標準的心理準備。

安排足夠時間討論評估結果

我通常會給人們一份紙本的績效評估報告，讓他們在績效會議的前一天先行讀過。他們先讀過內容後，為隔天的會議做好討論的準備。即使他們已經拿到評估結果也讀完了，我依然會花時間仔細討論每一部分，從長處和成就開始講起。再重申一次，請不要省略這個部分，直接跳到改善需求。儘管許多人並不習慣被大力

表揚，但積極表揚工作成就的價值在於給予人們正向回饋，進而激勵下屬發揮更大潛能，因此，不要跳過這一環節。

有些績效評估採取分數制，例如給予 1 到 5 的數字，或是相應的詞語（如「未達標」、「達標」、「優秀」）。如果你不得不採用這種方法，那麼請做好面對棘手對話的準備，用妥善說法應對沒有拿到優秀評價的下屬。以我的經驗來說，人們並不喜歡聽到他們僅僅「達標」，尤其是那些處於職涯發展早期的人們。請做好心理準備，和下屬討論為何他們會拿到這分數，包括他們應該往哪個方向努力，才能獲得更高的評價。

請教 CTO：發掘潛能

有什麼發掘潛能的獨門秘訣？所有潛能都如出一轍嗎？人們說的「他／她有潛力」到底是什麼意思？

一說到「潛力」，人們經常犯下嚴重的錯誤。他們認為這是與生俱來的才能，或者是一種能透過經歷、證書充分驗證的東西。「他上名校，所有他很潛力！」「她能言善道，所以很有潛力！」或者，更直接一點，「他長得又高又帥，所以他很有潛力！」偏見影響著我們看待事物的方式，我們會預設潛能確實存在，在人們早該展現潛能時還願意姑且相信時候未到，不願承認他們心中認定的「潛能」僅僅是幻覺。

我給各位一個建議。假如有一個人在公司待的時間足夠長，卻始終未能表現出合理工作產出的人，通常這人不會是那個具有潛力的人，至少在這家公司裡他沒有發揮潛能。不管這個人的學歷背景多麼優秀，多麼能言善道，身材體格多麼出色……假如一位員工在公司待了一段時間，卻沒有展現出什麼亮點，那麼你心中的「充滿潛力」不過是——想像出來的幻覺，個人偏見的產物。

真正的潛力無需太多時間就能顯現。努力工作，願意更加精進，針對問題提供建設性回饋，幫助團隊關注過去被忽

略的領域。一個具有潛力但還沒有彰顯同等表現的人，即便她的工作進度緩慢，仍會以與眾不同的方式為團隊帶來正面影響。你很少會看到擁有真正潛力的人工作表現不佳，儘管你可能會看到稍低於一般水準的表現。通常，解決這個問題的辦法是，將這個人轉派到能真正實現潛能，讓他如魚得水的地方。假如有人對視覺設計擁有敏銳直覺，卻對日常的程式碼作業苦不堪言，那麼將她調至 UI/UX 職位會是更好的選擇。一位不喜歡規劃統籌工作的救火型人才，專注營運的團隊是他的最佳去處。

不要將學校老師口中的「天賦」和你真正在意的「潛力」混淆成同一件事。你的任務不是陶冶年輕心靈，你要的是讓員工做好工作，幫助公司獲得成長。因此，潛力必須和「行動」和其產生的「價值」緊密聯繫，即便潛力並沒有直接產出你所預期的價值。越早擺脫對潛力的虛妄幻想，不再因為心目中的高潛力員工沒有做出相應工作表現而屢次感到失望，你就能越早發現團隊中真正的潛力人才，並且充分發展他們的能力。

培養人們的職涯發展路徑

我最重要的升遷經驗發生在服務於金融業的時期。金融界給予人們職稱的方式相當奇怪。自打這些金融公司採用合夥制以來，往往只有幾個「公開」的職稱：助理（Associate）、副總裁（Vice President）、董事總經理（Managing Director）、合夥人（Partner）。副總裁（VP）的頭銜是一個至關重要的職涯轉捩點，升上這個職位（曾經）證明了這個人已經彰顯了自己在公司裡扎根培養長期職涯的價值。因此，升上 VP 所花費的時間是一個強烈信號，預示著你未來的成敗，而獲得升職是一個非常複雜的過程，每年通常只有一次機會，由資深經理們來決定升遷人選。

我的經理曾經向我解釋過兩次升職流程。第一次是當我升上 VP 時，他帶我一起檢視所有必要的升職條件。成功交付專案是必要的，還要具備領導力特質，再加上和其他團隊合作的經驗。第二次是換成我為下屬準備升職包裹（promotion package）的時候。我們蒐集了各種證據，甚至包括這人擔任防火監察員時得到的表揚信。這兩次升職結果都相當順利，但我認為成功的另一大要素是，我的上司／導師對升職的遊戲規則瞭若指掌。

身為主管的你，將在幫助團隊成員升職這件事上發揮關鍵作用。有時候，你自己就能決定誰能升職，但更常見的情況是，晉升與否要交由你的上司或管理委員會做出決策。因此，你不僅要清楚掌握哪一位人選值得升職，你還要為他們準備好升遷理由。

這個過程通常會是什麼樣子？一般來說，在一年之中你會觀察幾次團隊成員的表現，考慮他們的職位內容，然後問問自己，有哪些人準備好升到下一職級？對職業生涯早期的員工來說，這個答案是肯定的。如今，大學剛畢業的新鮮人會在進入職場的頭幾年至少會經歷一次升職，因為許多公司的基層職位通常會採取「不升職就滾蛋」（up or out）的人事政策。

為了更清楚說明這一點，我們拿著名的 BigCo 公司作為例子。在這個大名鼎鼎的 BigCo 中，剛從大學畢業的菜鳥工程師職級是 E2（E1 專門留給實習生）。BigCo 公司有一項人事政策：當一位工程師在 E2 這個職級待了兩年，卻沒有表現出能夠承擔下一職級工作表現的話，那麼這個人在這間公司再也沒有未來，只能另尋他路。BigCo 的這項人事政策適用於 E2 到 E4 職級，但如果升上了 E5，你將不再受限，可以待在 BigCo 直到退休。

所以，假如你的團隊由 E2 和 E3 工程師組成，那麼你需要做好每隔幾年為他們升職的準備。幸運的是，這件事還算簡單。只要你沒有刻意阻攔，基本上他們自然會隨著時間推移而升到下一個職級。你的任務是確保這些人學會預估自己的生產力，根據自己的

估算完成工作，並從錯誤中汲取教訓。通常可證明他們足以升職的工作表現包括：能夠獨立完成專案或開發新功能、參與值班或其他支援工作、積極投入團隊會議和團隊規劃。

身為管理者，你的首要任務是搞清楚你所在公司的遊戲規則。每家公司都有各自的升職流程，也許你正是一路披荊斬棘，才做到現在這個位子。假如你不知道如果幫人升職，你可以向上司尋求建議。請教你的主管：如何決定誰能升職？需要觀察哪些面向？要多早開始準備升職包裹？在一年當中公司有沒有升職次數限制？在你學習如何出色參與這場遊戲的同時，我鼓勵你對團隊抱持公開透明的態度。假如有成員表達了想要升職的意願，但並沒有足以獲得升職的理由時，請坦白告訴他們還缺少些什麼，幫助他們瞭解應該改善或增進的地方。

你也應該做好準備，找出那些直接助益於下屬升遷的專案，將這些關鍵專案交給潛在人選負責。身為主管的你必須知道團隊的未來發展方向。根據不同的工作指派方式，你可以選擇直接將這些專案分派給人們，或者鼓勵人們自願爭取對他們來說是成長目標的專案內容。你可以留意能夠幫助團隊成員拓展能力、獲得成長的機會。

隨著團隊越來越資深，你的管理任務也不復從前。許多人不再繼續積極表現，不再爭取邁向下一個職級（至少不會在同一家公司或同個團隊）。隨著年齡增長，人們不再高度看重升職，因此他們在工作上展現的領導力或影響力也會隨之降低。有時候你對這種情況無能為力，除非把他們介紹到公司不同部門或團隊，借助其他領袖的指導或協助。雖然這樣的做法於你而言難免流失可用人才，但讓他們換到其他團隊或到其他公司任職，接下新的挑戰，對他們來說可能更好。

許多公司的立場是，希望人們在邁向下一個職級前就展現足以勝任的能力。這是為了防範「彼得原則」，也就是避免人們升職後

卻無所作為。這同時意味著此時團隊中還有成長空間,需要更高
職級的工程師承擔責任。在考量團隊的職涯發展時,請牢記這一
點。假如團隊成長空間有限的原因在於,團隊目前的工作內容不
需要涉及更多高職級的人員,那麼你必須重新審視組內工作的分
派方式,重新進行合理安排,幫助團隊成員承擔更大的責任。

挑戰:開除績效不佳的員工

開除績效表現不達標的員工,是所有經理都必須面臨的棘手難題
之一。

近年來即便是小公司,大都改由 HR 部門全權決定人員去留,
由主管來開除員工的案例不多,其實讓這件事有些難以下筆。
由 HR 部門負責開除員工與否的作法有好有壞,對於身為主管的
你來說最大的好處是,你只需要遵循既定流程和程序進行即可。
假如有位員工表現不佳,許多公司會要求你撰寫一份名為績效改
善計畫(performance improvement plan, pip)的文件。這份
文件羅列了明確清晰的預期目標,要求員工限期改善。假如她設
法達成了這些目標,那麼就能安然度過這個績效改善期,皆大歡
喜。相反地,假如未能達標,她的唯一出路只剩離開這間公司。
不同公司的做法不盡相同,這種計畫的初衷可能確實是為了提升
員工的工作表現,但績效改善計畫的內容經常是一些在期限內幾
乎無法達成的目標,因為這不過是一種變相的慷慨,讓人們在真
的被解僱之前盡快找到下一份工作。

無論你公司開除員工的實際作法為何,早在將績效改善計畫提交
給 HR 部門之前,你就應該著手指導某人離開崗位了,而且這個
指導行為必須早於實際的解僱行為。管理學的基本規則之一就是
「避免驚喜」,尤其是負面的驚喜。你必須清楚知道這位員工在
工作上應該產出哪些成果,假如他沒未能交付相應成果,那麼你
應該儘早告知他沒有符合預期的目標。

最理想的狀況下，你清楚知道這人應該做些什麼，假如她沒做到，那麼你就能說：「你沒有達成 X、Y、Z 這些目標。請在這些方面多加努力。」當然，現實沒有這麼簡單。

以下是更常見、更直觀的情境：珍妮已經為你工作好幾個月了，她的入職進展有些緩慢，但你選擇給她機會，畢竟程式庫並不完善，新入職的員工總要花幾個月時間適應許多商業術語和業內行話。然而，六個月過去了，當你回顧這段時間，你發現珍妮的工作產出非常稀少。事實上，她負責的幾件事情都不順利，不是延誤進度就是充滿問題，甚至兩者兼之。

你直白地告訴珍妮「你沒有達成預期目標」、「工作進度太慢」、「沒做好分內工作」，然後為她設定嚴謹的可交付目標。不過，珍妮也有備而來，她的說詞確實有些道理。她的入職體驗不佳，剛來第一個月有公司聚會必須參加，然後你休假了一整個星期，她找不到人問問題。事實上，聽起來問題出在團隊和你身上，而不是她工作表現不好。

這樣的情境彰顯了及早且持續給予回饋的重要性，而且，你最好將所有給過的回饋內容記錄下來。無論是正面或負面的回饋，都應該是一場涉及雙方的對話。如果一直逃避處理負面回饋，直到問題變成燃眉之急，你又遇到一堆藉口說詞，請問你該如何自處？有些主管選擇無視藉口，將自己暴露於失去員工的風險，最後只剩下一個不受歡迎的團隊，無法帶著新進成員瞭解組內工作，無法指導員工，無法給予明確的工作目標。另一方面，有些經理選擇接受所有藉口，直到問題越積越多，再也無法視而不見，而整個團隊對於主管並不積極處理問題員工的消極作為感到無比憤怒。

在 HR 部門全權負責人員去留，而且需要提交標準績效改善計畫的任何組織環境中，假如你想開除某位員工，請一定要留下所有關於負面回饋的紀錄。假如你的公司沒有 HR 部門，我仍會建議

你以書面形式（或 email）提供人們明確的改善建議，並給出一份改善時程表，並且要求他們確認收到你的回饋。這麼做不僅能在法律上保護你，也有助於公平對待你的員工。

最後一則警告：不要把你不願意失去的人才放到績效改善計畫。大多數聰明的員工會將這個正式警告視為這家公司已經不適合久留的信號，他們通常會盡快跳槽。我曾經聽說過一個故事，某位優秀的工程師被團隊中某人抱怨他退出某個專案後，他的主管出其不意地將他列入績效改善計畫。這位經理疏於留意團隊的工作動態，其實是他准許這位工程師將工作重心轉向別處。屈服於其他團隊成員的壓力，他將人放進績效改善計畫的行為毫無益處，只會將工程師對於公司和團隊的任何善意破壞殆盡。毫不奇怪，這位優秀的工程師很快就辭職了，儘管他輕而易舉地達成了所有限期改善目標。

請教 CTO：如何輔導某人離開

我手下有位員工似乎遇到了瓶頸。他已經在公司服務了好幾年，工作表現還不錯，但我認為他在我的團隊中並沒有進一步升職的潛力。每次當他問起他該做些什麼才能符合晉升資格，我都會告訴他需要精進的地方，但他總會回到自己的舒適圈，無論怎麼旁敲側擊都沒有任何變化。請問我還能做些什麼呢？

這是主管們經常遇到的情境。你的員工在組織中已經達到巔峰，似乎失去了在工作上積極進取的動力。他在自己所處的職級上已經達到巔峰，儘管你在一旁給予幫助，他卻不知怎地無法繼續成長，爭取更上一層樓。也許是時候輔導他離開現有崗位了。

對於處於職涯早期的員工，許多公司秉持著「不升職就滾蛋」的人事政策。在大多數工程師的職涯發展上，對於初階工程師的期望通常是他們能在一定的時間內順利升職，

假如他們沒有展現出升遷潛能，這代表他們的表現不符預期，將會被開除。

一般來說，你希望老員工們能夠獨立完成日常工作，無需過多的監督或協助。然而，一旦人們度過了這些「不升職就滾蛋」的波動期，當他們在職涯發展上陷入困頓時，你該如何出手相助呢？

有些人樂於一輩子當個資深工程師或某個職級的主管職，假如你們對於目前工作狀態感到滿意，那麼一切皆大歡喜。其他人，例如你渴望進步的這位員工，無論出於某種原因，他就是無法在你的團隊中獲得升職資格。你應該讓他明確掌握這個事實。這就是「輔導某人離開」的真正意涵。好好說明你們遇到的情況，你反覆向他說明下一職級的能力條件，但他一直沒能表現出能勝任那個職級的能力和工作成果，所以你認為你的團隊不是他一展才能的最佳歸宿。你的本意決非將人開除，但你必須告訴他，假如他想在職涯中更上一層樓，他必須繼續努力前進。

給你的員工到組織中其他部門或另一家公司工作的機會。假如他選擇離開團隊，讓他開開心心地走，好聚好散，盡力保全他對於公司和團隊的好感。因為未來規劃不同而分手的情侶還能當朋友，這個道理同樣也適用於那些只是需要不同的團隊或公司來發光發熱的前員工。

評估你的個人經驗

- 你有沒有定期和下屬開一對一會議？

- 上一次和下屬討論他們的職涯發展是什麼時候？如果是三個月以前的事了，下次一對一會議時要不要試著再次提起這個話題呢？

- 上週你有沒有給予下屬回饋？上一次在團隊面前進行表揚是什麼時候？

- 某人上一次出現需要糾正的行為是什麼時候？你用了多少時間才給出改善建議？你是私下建議還是公開糾正？

- 你有沒有經歷過像在浪費時間的績效評估會議？你認為加入哪些東西能讓這個過程更有價值？

- 你收到過最有助益的績效回饋是什麼？這則回饋是如何傳達給你的？

- 你知道貴公司的人員升遷流程如何運作嗎？假如不清楚，能請人帶你瞭解一遍嗎？

管理單個團隊

從負責一兩位員工，到管理一整個團隊，只有幾步之遙，但是管理團隊的工作比管理個人要更複雜。至此，你的任務不再和從前一樣。事實上，在這個階段你所走的每一步，都可能帶來一系列完全不同的要求和挑戰。隨著職涯持續發展，最困難的是要清楚認知你將開始處理完全不同的工作內容，並為其做好準備。儘管你可能會覺得管理力是成為資深工程師後自然會點亮的技能，但所謂的管理，實際上是一套全新的技能和挑戰。

以下是我針對團隊管理者所撰寫的職位描述，我將這個職位稱為 Engineer Lead（工程負責人）：

> *Engineer Lead* 花在編寫程式碼的時間更少，但他們依然會交付小的技術目標，比如修復 *bug* 或小功能，避免妨礙或減緩團隊的整體工作進度。除了編寫程式碼，他們負責辨識流程中的瓶頸和阻礙團隊成功的障礙，並且致力於清除這些障礙。
>
> 擔任這一職位的人將對（整個組織的）成敗產生重大影響。特別是，擔任此角色的領袖有能力辨識最有價值的專案，並讓他們的團隊專注於交付這些專案。為了讓團隊保持專注，*Engineer Lead* 將與 *Product Lead*（產品負責人）密切合作，妥善協調產品範圍，確保團隊的技術產出能滿足產品需求。除了幫助團隊在工作上保持專注，他們還要確認團隊的人手需求，並且規劃和招聘人員來滿足團隊空缺。

Engineer Lead 是獨立經理職，他們樂於管理擁有不同技能的團隊成員。他們能夠清楚準確地向所有團隊成員傳達預期的目標，並且經常向每個人徵求和提供回饋（而不僅僅是在績效考核季）。除了強大的管理技能之外，*Engineer Lead* 同時扮演著產品團隊技術路線圖的領路人。他們向產品團隊的夥伴明確傳達時程表、範圍和風險，並領導團隊在明確時程內準時交付主要計劃。此外，他們能辨識符合組織策略方向的技術債，為了解決技術債進行成本效益分析，並且向管理團隊建議優先處理順序的時程表。

上一章介紹了主管如何帶人的基本知識，現在，我們來談談如何在維持技術敏銳度的同時好好帶領一整個團隊。

本章主題是關注人員管理之外的工作。因為新上任的主管很容易過度關注與人事相關的工作內容，我想將你的注意力帶回到團隊管理的另一個面向，更技術性、更策略性且涉及領導力的領域。

成為人事經理

我的管理經驗從擔任非正式的 Team Lead 開始，當時我所在的公司抵制著傳統的主管下屬制。在我當上 Team Lead 一段時間後，我接著成為正式經理，管理直接部屬的時候到了。「經理」這個職位對於公司來說是全新的概念，整個組織都戰戰兢兢地迎接著變化。在經理之間劃分工程工作的時候，我們考量權衡了哪些人可能對新的管理結構感到惱火。並不是所有人都願意為以前的同事工作，但我算是蠻幸運的人。我現在管理的大多數人都和我共事了足夠長時間，久到他們能夠接受我成為上司。他們的支持對我幫助很大。儘管管理過程並非十全十美，但在管理人員這條路上所感受到的阻力並不嚴重。

在這個新職位上，我發現自己管理著好幾位比我更資深、更懂技術的下屬。這是我第一次不能仰賴技術知識作為主要的領導工具。我不能以冒牌者症候群一言以蔽之，因為我清楚知道我的技術能力還不夠。他們也知道我不夠懂技術！當然，這兩位資深工程師也意識到這件事令人尷尬。我們討論了每個人都有屬於自己的任務，而我的工作是竭盡所能幫助他們獲得成功。

其中一位工程師持續給予我回饋建議，為我提供協助。我努力掌握這個人的需求，瞭解對他來說什麼是最重要的，他在工作上需要什麼幫助才能成功。另一位工程師則很難接受我變成他的上司。起初，他選擇調到另一個團隊。幾個月後，他感到有些後悔，再次回到我們團隊，同意和我一起共事。事實證明，成為一名優秀的經理並不表示你要擁有最精深的技術知識。成功管理的關鍵在於為下屬提供支持，幫助他們成長。

—bethanye Blount

維持技術敏銳

這不是一本廣泛適用所有人的管理學書籍，而是一本專門寫給工程經理的工具書。工程管理是一門技術學科，而不是僅僅一套帶人心法。隨著職業生涯持續拓展，即使你不再編寫程式碼，你也需要指導技術決策。即使團隊中有著設計系統的架構師或其他資深技術人員來負責技術細節，身為技術主管的你，也有責任讓他們為自己的決策擔責，確保這些決策能通過技術測試，平衡團隊需求，並且符合公司業務的整體脈絡。多年工作中不斷磨礪出的敏銳技術直覺，是指導團隊技術決策的巨大助益。

除此之外，如果你真的希望贏得工程師團隊的尊重，他們必須信任你在技術上有所建樹。假如他們認為你不懂技術，等待著你的將是一場艱苦的戰鬥，即便你在公司裡順利爭取到主管的位子，

也不見得能有所施展。當你努力成為一名成功的工程主管,不要低估技術能力的價值。

當然,你要學會平衡的藝術。當你轉換跑道到管理職時,維持技術敏銳可能是一項艱鉅挑戰。當上主管的你將面臨全新的職責,必須參加更多的會議、規劃和管理任務,很難抽出時間專注寫 code。在工作上有千萬件事等待著你,被拉往千萬個方向的你其實很難專注於開發程式碼。

然而,在管理團隊的這個階段,假如你不再維持對程式碼的敏銳度,你將面臨在職涯發展中過早和技術脫節的風險。雖然你日後打算走管理職,但這也不代表你應該放棄技術責任。事實上,我在關於 Engineering Lead 的職位描述中特別提過,我希望這個職位的經理還要負責交付小功能並修復 bug。

你是否會納悶如果做的都是小事情,那為什麼還要花時間寫 code 呢?答案是,你需要對程式碼有一定程度的瞭解,在團隊遇到瓶頸時準確發現問題。你當然可以透過各種指標來辨識問題所在,但如果積極參與程式碼的開發工作,你會更容易感受到這些問題。如果佈建版本真的很慢,或者程式碼部署作業花費時間太長,值班待命像是一場惡夢,身為一位經驗老道的工程師,你仍有可能被瑣碎的程式碼工作絆住腳步。即便經驗老練如你都會感到沮喪,更何況是你的組員!如果你能先辨識程式碼中的問題,找出技術債並予以優先處理,事情將變得容易很多。

此外,身為一個團隊的經理,你必須清楚在團隊負責的系統中哪些要求是可行的,哪些方向是不可能的。當產品經理提出一個瘋狂的想法時,假如你對自己的能力有信心,能夠評估這個功能需求在系統中是否容易實現,將有助於你高效管理團隊(在回覆預估開發時長時也不要過度自信!)優秀的工程管理人員能夠辨識在系統中實現新功能的最短路徑。正如你在擔任 Tech Lead 時的收穫,複雜專案管理的關鍵之一是充分理解系統,以確定實現功

能的最佳路徑。對系統程式碼的理解越透徹，就越容易確定這條路徑。

可悲的是，某些公司實際上並沒有開出「有一點時間開發程式碼的經理」的職缺。這些公司將管理和技術職位劃分得如此清晰，以至於升上管理職的人們會立即獲得一批直接向他們報告的大型團隊。因此，經理的工作變成了行政和人事管理的職位，如有必要，這些經理最終會在晚上和週末處理技術工作。假如你的公司採取這種做法，我的建議是繼續維持對技術的敏銳度，直到你真的認為自己夠懂程式碼和系統設計等領域，再決定你是否想轉換到管理職。一旦和程式碼說了再見，重新回到程式碼的懷抱將格外困難。更有甚者，假如你過早與技術脫節，你可能因為技術專業積累不足，而無法朝更高的管理階層邁進，最終只能止步於中階主管職。

假如你對這則要求主管維持技術敏銳的建議感到驚訝，別擔心！在後面的章節中，我將會詳細討論什麼時候對於程式碼的瞭解將不再對你的工作更有助益，我相信這個時間點確實存在。不過，在目前這個階段，請試著維持對技術的敏銳度。我向你保證，這會讓你的工作更輕鬆。

找出團隊失能的原因：入門篇

有時候，你會發現自己管理的團隊遇到障礙，無法正常運作。他們一直無法準時交付。人們一點也不快樂。陸續有人辭職離開。產品經理屢屢受挫。團隊對產品經理有怨言。或者他們對工作缺乏動力，對目前專案缺乏熱情。你知道有地方不對勁，但你無法徹底找出問題癥結。某些障礙很可能波及整個技術團隊，產生負面影響。接下來，我會簡單介紹這些團隊障礙，幫助你辨識與克服它們。

無法交付成果

也許你不覺得這是一種障礙。你的團隊不過是正在針對新問題深入研究。然而，即使是專職研究的團隊通常也設有預期目標和可交付成果，就算只是一些早期的、初步的發現。總的來說，如果人們設定小目標並能定期實現，他們會更熱衷於工作。

身為團隊經理的你可能會擔心將組員逼得太緊，於是你容忍他們錯過交付期限。遇到這種情況，關鍵在於何時該鞭策團隊，何時該放手讓人自由發揮。假如你的工作仍包括為團隊編寫程式碼，那麼這是一個捲起袖子幫著團隊實現交付成果的絕佳時機，或者你可以深入瞭解專案進度被耽擱的部分，和負責這部分的工程師合作，一起掌握情況。

有時，團隊無法交付成果的原因出在，團隊所使用的工具和流程，很難讓人快速完成工作。常見的例子像是，你的團隊每週只會發布一次程式碼變更到生產環境。有些棘手的痛點可能是造成發布不頻繁的原因，比如發布工具不佳、大量手動測試、太大的功能，或是開發人員不懂如何拆分工作。既然你現在要為團隊負起管理責任，請開始動手清除這些障礙吧！

在我上一份工作中，有一段時期，我們系統中的關鍵部分一週只會發布一次變更。一次程式碼發布動輒幾個小時，令人痛苦，而且經常因為人們最後一刻的變更而受到影響，比如破壞測試的完整性，拖慢所有人的進度。大家都看出這是一項問題，於是團隊聚在一起，共同改善程式庫品質，促進自動化，加快發布的頻率和速度。最後，我推動團隊持續改善，讓發布頻率變成每天發布。這個變化對於團隊的影響立竿見影。事實證明，程式碼發布是人們爭搶的資源之一。當人們在爭奪稀缺資源時，團隊成員之間產生衝突與不快幾乎是不可避免的。增加稀缺資源，讓交付程式碼變得更簡單，就能立即提升團隊士氣。

職場角力

有時候，我們讓自己和「有能力的混蛋」（brilliant jerk）糾纏太久。你懂的，就是那位你認為無可取代的人才，他能力卓越、聰明絕頂，但他不是一個善於合作的人，他讓身邊每個人都不開心。（關於這種有害團隊文化的員工，請參閱第 105 頁「有能力的混蛋」。）如果你的團隊有這種人，較為無害的版本大概是會激起團隊裡的勾心鬥角，沈浸在負面經歷中，或者花太多時間在傳八卦，玩一場「我們 vs 他們」的對抗戰。

你必須勇敢行動，儘早扼殺職場角力的任何苗頭。你可以向上司尋求幫助，尤其是當你第一次遇到這種情況時。不過，你的上司可能比你更不擅於應付有能力的混蛋。她可能沒看出這人對團隊凝聚力的直接影響，她認為這個人能力很強，輕鬆就能搞定工作。準備好和這位有能力的混蛋道別，以及和妳的上司進行一系列溝通。也許將這人調至另一個團隊可以改善情況。

比起有能力的混蛋，消極的人比較容易對付。你要明白告訴他要改正行為，用適當的例子補充你的論點，在問題發生時迅速提供修正建議。有時候，這個消極的人只是不開心，最好的辦法是幫助他和團隊好聚好散；請你為這個結果做好準備。其他情況也許是，這個人並不知道他為團隊帶來了什麼影響，你只需要和他約時間聊聊，就能解決問題。

注意，消極的員工不可能在你的團隊上待得長久。即便是最優秀的經理也很難應對這些破壞團隊動力的人主演的職場宮鬥劇。遇到這種情況，最好的防守就是先發制人，快速採取行動非常重要。

過度工作導致不快樂

這個問題更容易解決。過度工作導致的不快樂，通常都有跡可循。比方說，如果是因為生產系統的穩定性不足，造成團隊成員

必須長時間勞心勞力，那麼身為經理的你必須放慢腳步，暫停產品路線圖的原定計劃，在一段時間內要求團隊專注提升系統穩定性。為警報、停機時間和突發事件設定明確指標，致力減少這些東西的發生頻率。我的建議是，在每一次規劃會議中，將 20% 的時間用於提升「系統可持續性」的工作（我說的是「可持續性」，而不是更常見的「技術債」）。

假如人們過度工作是為了趕死線，忙著交付有時間壓力的工作，請記住兩件事。首先，你要扮演啦啦隊長的角色。請你無條件支持團隊的需求，你尤其可以一起動手趕工。請他們吃晚餐，說出你的感激，謝謝他們的辛苦付出。告訴他們在這次趕工之後能獲得一段休息時間。盡可能讓工作變得有趣一些。這種與團隊共患難的關鍵時期，是團隊發展默契的好時機。他們會記得在這種壓力巨大的趕工時刻，上司究竟是撒手不管，還是願意與他們共度難關。

其次，盡你所能地從讓團隊趕死線的經驗中吸取教訓，日後盡量避免。如果可以的話，減少功能需求。如果交付期限實在不合理，為團隊多爭取一些時間。工作上難免遇到要趕死線的狀況，但沒有理由頻繁發生。

合作問題

你的團隊和產品團隊、設計團隊，或另一個技術團隊的合作並不融洽，每個人都因為團隊之間缺乏協作而受累。關於這個問題，其實沒有快速的解決辦法，但是表現出願意改善協作的意願會有很大幫助。請確保你和其他主管定期接觸，一同瞭解團隊遇到的問題。向你的團隊成員徵求一些可行的回饋建議，針對改善領域進行有意義的對話。假如你在團隊面前貶低其他主管或員工，可能會讓事情變得更糟，即便你對他們感到沮喪，也要在公開場合保持積極正向的態度，支持他們的努力，成為團隊的後盾。

如果你的團隊成員合作起來不太順利，試著創造一些機會，讓他們去認識彼此，而不要只談工作。你可以帶整個團隊去吃午餐，週五下午早點下班，邀團隊一起去參加有趣的活動。鼓勵大家在聊天室輕鬆聊天，關心對方最近除了工作在做些什麼，這些都是培養團隊向心力的方法。當初，剛當上經理的我並不是很樂於建立這種關係，但我發現，即便是性格極度內向的人也想在團隊中找到歸屬感。假如你的團隊中沒有遇過任何「職場角力」問題，那麼你可以稍稍花點心力來培養團隊默契，讓團隊互動變得更加活躍。

請教 CTO：管理前同事

我剛剛獲得升職，要管理目前的團隊，而我的另一位資深工程師同事也爭取過這個位子，最後是我得到這個職位。請問我該做些什麼，才能在不讓他感到被疏遠的同時擔任好管理團隊的角色呢？

這種經歷確實蠻尷尬的，首先，你要承認這一點。假如你的下屬是一個和你同職級的人，請坦白承認身分轉變所帶來的怪異感受。誠實以待，坦白告訴他，你會盡力扮演好你的角色，但是你也需要他的協助。你需要他對你坦言，哪些事情進展順利，哪些工作遇到阻礙。在他面前你不需要全副武裝，可以稍微顯示弱點，因為這是你第一次帶領團隊，一切絕非完美無瑕。

接下來，請牢記你的工作內容發生極大轉變。身為他的主管，你現在擁有推翻他所做決策的合理權力，但切記審慎使用這項權力。濫用管理權利來推翻技術決策經常是個壞主意。請克制對人們進行微觀管理的誘惑——特別是那些曾經是你同事的人。即便他們沒有成為主管的念頭，但他們心中可能會覺得升上管理職的你被「獎勵」了。假如你還緊迫盯人，屢屢質疑他們的一舉一動，還試著自己做出所有決策，這只會讓事情變著更糟。

當你開始承擔人事管理的新責任時，你將不得不放下以前的一些工作內容。升上更高的管理職，意味著肩上會承擔更多新的責任，同時也必須對舊的責任放手。你可以善用這一點來幫助前同事，將你曾經負責的技術工作交給他們，讓他們在工作上擁有更多主動權。這也是一個為團隊中資歷較淺的工程師提供新挑戰的好機會。雖然許多工程組織希望第一線經理繼續編寫程式碼，但他們期待看到的成果應該是開發小功能、修復 bug 和強化系統穩定性，而不是由這些經理全職開發全新系統。

在這些變動中，你的目標是向團隊展示決心，你會致力幫助他們獲得成功。你的新角色不會剝奪團隊中其他成員的任何事物；這個管理角色只是給了你一些新的責任，而這些責任在過去可能被大家忽視了，或者曾經屬於其他人，此外，你會將過去負責的技術責任轉移給團隊其他成員。

假如你曾經的同事因為難以忍受替你工作而紛紛離職出走，那麼你的團隊不可能成功。他們會對團隊的任何異見分歧，或是你對團隊的控制欲格外敏感，甚至可能做出詆毀你的行為。調整好你的心態，切勿陷入無謂的意氣之爭。以成熟態度處理與前同事的關係變化，從長遠來看這對你也有好處。

擋箭牌

許多管理學叢書給新經理的建言通常是，做好下屬的「擋箭牌」（或更直接一些，擋掉各種「廢話」）。經理的工作是幫助團隊保持專注，而不是被職場勾心鬥角、政治角力和組織變動分散專注力，無法交付需要完成的事情。

我對這種說法感到五味雜陳。我確實同意，被無謂的勾心鬥角而干擾的團隊往往容易分心，壓力過大。假如你管理的是工程師團隊，他們無須關心客服部的人際關係事件。當周遭世界燃起熊熊大火，而我自己的團隊卻不受影響地順暢運作，我感覺半是

五味雜陳，半是驕傲。每個人都應該清楚體認，他們有能力也有義務關注能夠改變和影響的事物，而不被他們無力改變或影響的事物影響。職場上的勾心斗角，通常不過是滿足「自我」的無謂消耗。

沒錯，保護你的團隊不受干擾非常重要。換句話說，最重要的任務是幫助團隊理解關鍵目標，讓他們專注於此。然而，抱持著你有能力或有義務保護團隊免受一切傷害的期待是不切實際的。有時候，更合適的作法是讓團隊承受適當壓力。這不是為了給他們壓力，而是幫助團隊理解任務的前後脈絡，更明白手中任務的重要性。將擋箭牌做到淋漓盡致的主管誤以為他們可以設定非常明確的目標來激勵團隊動力，讓他們保持專注。然而，人們需要事件脈絡以掌握這些明確目標的原因，進而理解團隊正努力解決著什麼樣的問題。假如你得知在十一月，某個特定的系統無法正常上線運作，那麼你有義務告知團隊這件事的影響。適當的脈絡能幫助團隊做出正確的決定，幫助他們瞭解應該專注在哪些關鍵環節。身為經理的你，你的工作並不是自行做出所有決定。

擋箭牌主管有時會犯下的另一個錯誤是，否認外在環境的任何事件變化。假如公司其他部門裁員了，而團隊卻是從其他人口中才得知，你的不作為反而會讓團隊認為，明明有事情發生了，卻無人願意認清現實。相反地，假如你選擇以直接了當、擺脫情緒化的方式來溝通這類壞消息，這麼做能夠減緩謠言蔓延，還能快速控制壞消息對團隊的影響。

你可以是下屬的擋箭牌，但你不是時刻關心孩子狀態的家長。有時候，在同時扮演擋箭牌和導師角色的時候，我們和下屬的互動反而變得像是父母養育孩子的關係，將他們視為需要呵護、教養和在必要時刻責備的孩子。你不是他們的家長。你的團隊成員都是成年人，需要得到適當的尊重。「尊重」對於你的理智和他們的理智都很重要。假如你將下屬變相視為「孩子」時，會容易將他們犯的錯誤歸結在自己身上，或者變得太情緒化，將他們與你的所有分歧都太過放在心上。

激發優秀決策

你在團隊決策過程中扮演什麼角色？你有印象嗎？你手下應該有一位產品經理和你的團隊一起工作，負責管理產品發展路徑圖（product roadmap），或是管理著團隊專注開發的一組業務功能。你手下還可能有一位 Tech Lead，像我們在第三章提過的，依舊專注於技術面，但也同時考慮著專案管理和其他必須完成的職責。那麼，身為工程經理的你，你的角色是什麼？

你的責任比想像中還要更大。雖然產品經理負責產品路徑圖，Tech Lead 負責技術上的細節，但你通常要對團隊在這些工作上的進度負起全責。領導力的本質是，僅管你可能只有指導決策的權威，無法直接發號施令，你的績效仍被這些決策的結果所評判。

培養以資料驅動的團隊文化

當你手下有一位產品或業務負責人時，她應該很習慣搜集關於業務、客戶、目前行為或市場潛力的資料，並透過分析來佐證她的決策。你可以開始提供新的資料。舉例來說，給她關於團隊生產力的資料（如完成一項功能的所用時間）或者關於品質指標的資料（比如修復故障的所用時間、在 QA 或正式發布後發現的 bug 數量）。這些與效率和技術相關的數據，可用來評估產品功能和技術變更的決策好壞。

加深對產品的瞭解

優秀的領袖帶領團隊交付成功專案，共同創造成功。想做到這一點，你需要深刻瞭解客戶，知道他們關注的東西是什麼。無論是為外部客戶開發程式，為其他工程師開發工具，甚至是帶領技術支援團隊，都會有一些依賴你們工作產出的團隊。請將他們視為你的客戶。投注時間瞭解客戶需求非常重要，因為你必須提供你的團隊關於工作需求的前後脈絡。培養「客戶同理心」也能幫助

你找出在技術中哪些領域對於客戶有著最大的直接影響，深刻理解客戶痛點，你也能知道應該指導團隊在何處投注最多心神。

展望未來

從產品和技術的角度來看，你需要多往前思考兩步。瞭解產品路徑圖的走向，能夠幫助你指揮技術開發的走向。許多技術專案之所以得到支持，是因為它們對於新功能有所助益，比方說，重寫結帳系統來加入 Apple Pay 等新的支付選項，或者將現有系統轉移到新的 JavaScript 框架，透過 WebSocket 支援串流資料，打造更有互動性的使用者體驗。向你的產品團隊詢問「未來趨勢是什麼？」，投注時間瞭解技術發展，這也許能改變你對目前的軟體開發或系統運作提供不一樣的想法。

檢視決策和專案成果

和團隊聊一聊，當初用來激勵專案的那些假設是否確實成真？重寫那個系統後，團隊效能真的提升了嗎？加入新功能後，使用者行為的變化是否真的符合產品團隊的預測？A/B Testing 的結果告訴了我們什麼？當專案大功告成，人們很容易忘記檢視當初的假設，假如能將檢視決策和回顧成果變成你個人的習慣，以及團隊的習慣，那麼你們一定能從這些決策中獲益匪淺。

為日常工作和流程舉行回顧會議

敏捷開發流程通常在每兩週一循環的開發衝刺週期後進行回顧會議。在這個會議上，你們會討論這期間發生了什麼，並挑出一些事件（好的、壞的、中性的）來詳加探討。無論你的團隊採取敏捷開發流程或是其他方法，定期的回顧活動具有相當大的價值，可以檢驗運作模式成效，也是讓團隊看清決策成果好壞的好時機。團隊對於取得需求的方式是否感到滿意？他們對於程式碼品質的看法如何？這個回顧活動能幫助你理解，隨著時間的推移，你們所做的決策對於團隊日常運作的影響。這種作法比起搜集

團隊效能健康度的相關數據更加主觀，但比許多客觀指標更有價值，因為這些回顧意見都是來自團隊自身所關注到的、努力解決的，或者想要慶祝的事情。

好主管、壞主管：衝突迴避者、衝突應對者

傑森的團隊經常工作過度。每個人都知道查爾斯應該專注重寫那個大系統，但這幾個月來他一直將注意力放在自己的小專案上。在聽到查爾斯沒有做好工作的怨言後，傑森召集團隊投票他們應該放棄哪些專案來減清工作量。對團隊其他人來說，投票放棄查爾斯的小專案理所當然——當然，除了查爾斯之外。查爾斯從沒有聽過傑森提起這件事，他以為自己在做正確的事。

傑森的團隊感到排山倒海的壓力，一部分原因是因為傑森沒有做好擋箭牌的角色，也沒有為團隊提供必要支援。他討厭對新專案說「不」，但他也沒有要求更多人手來減輕工作負荷。傑森人很好，大家都同意，但要他真的採取行動解決衝突或做出艱難決定卻是如此困難。結果，團隊過度工作，疲於確定前進方向，難以決定優先處理順序，成員之間也產生了嫌隙。

莉迪雅的團隊也對工作量感到吃不消，她也有自己的「查爾斯」需要面對。她向查爾斯承諾，他可以獲得開發他的專案的時間，但現在的情況是，他需要協助團隊處理更優先的任務。在和查爾斯進行一對一會議時，莉迪雅解釋了目前團隊的工作量，並告訴他，團隊需要他協助重寫系統。查爾斯並不開心，莉迪雅也不喜歡這次會議的討論內容，但她知道身為團隊的經理，她有責任確保他們專注於最重要的專案上。

莉迪雅知道這個專案對於團隊至關重要，所以當她爭取更多人手的時候，她確保團隊知道她為什麼決定承擔這個大專案的原因。她與團隊密切合作，確定工作的優先處理順序，透過回饋機制，徵詢眾人的提議選項，指導他們解決關於採用何種技術的分歧。

莉迪雅的團隊形容她作風強勢但公正，儘管不免發生分歧，但團隊善於應對挑戰，合作良好。

講直白點，傑森很顯然沒有妥善處理團隊衝突，而莉迪雅努力地應對。雖說傑森的民主式作風應該能帶出一個各司其職、自動自發的團隊，但他無法勇於說不，也無法承擔任何決策責任，這只會讓所有人感到惴惴不安。很難說傑森的團隊接下來會如何發展，因為他沒有好好帶領團隊，反而讓團隊自行其是。

帶領一個衝突不斷、時常爭吵的團隊是痛苦的，很可能導致團隊失能，毀掉成功的可能。還有一種是「表面上的和諧」，逃避衝突的經理傾向於營造表面的團隊和諧，而忽視了團隊真正的職能關係。創造一個安全的環境，讓分歧能夠自行解決消化，比掩耳盜鈴般假裝所有分歧不存在更有助益。

衝突管理的行為準則

- **不要完全依賴共識或投票：**共識決看似符合道德上的權威，但前提條件是參與投票過程的每個人抱持公正理性，在各種結果中有著平等的利害關係，並且對事件的脈絡有同等的瞭解。在現實的團隊運作中，由於每個人擁有不同的專業背景與技能角色，這些前提條件很難被完全滿足。當團隊投票要求查爾斯放下手邊工作時，這樣的共識決對人們來說可能殘酷不已。對於已有定論的事情，不要設局投票，請承擔起傳遞壞消息的責任。

- **建立清晰的流程，排除人性干擾：**如果想讓團隊發揮決策力，團隊需要一套清晰的標準進行評估。在做出決策之前，首先團隊要對目標、風險和問題取得共同的理解。當你將決策權分派給團隊中的某個成員時，請同時確認這人應該諮詢團隊哪些成員的意見回饋，以及決策或計畫需要告知哪些人。

- **不要對潛在的問題視而不見：** 無法在問題擴大之前先行控制，也是規避衝突的一種不作為。身為經理的你，假如你在績效評估會議中給出負面回饋，對你的員工來說，他們不應該是第一次聽見這樣的回饋建議。也許有些細微差異在你撰寫績效評估報告之前沒有考慮清楚，但如果某人在工作上出現重大問題，一旦你發現了，就應該立即告知他們。如果你自己都沒有注意到這些問題，而是在評估過程時透過其他人的回饋才得知，這可不是個好現象。這可能表明你沒有集中注意力，也沒有在一對一會議中為團隊成員保留時段，討論他們與同事之間的問題。

- **解決真正的問題，不要激起勾心鬥角：** 解決衝突和造成障礙天差地遠。你想讓人們有空間表達沮喪，但要明智區分人們是發洩一時情緒，還是真的存在人際問題。運用你的判斷來決定哪些事情需要介入，哪些事情可以擱置。你需要瞭解的關鍵問題是：這個問題持續發生嗎？只有你一個人注意到這個問題嗎？這是團隊中許多人都為此糾結的問題嗎？這問題有牽涉任何權力關係或潛在偏見嗎？你的任務是找出導致團隊合作效率低落的問題，並且著手解決它們，而不是成為安撫團隊成員的心理諮商師。

- **不要拿其他團隊出氣：** 諷刺的是，規避團隊內衝突的經理經常在涉及其他團隊的時候找他們麻煩。這些經理對於自己的團隊有著強烈認同感，異常積極地回應來自外部的威脅。當問題發生時，比如跨團隊合作發生問題，這時經理成為了一方惡霸，言詞振振地想為團隊伸張正義，或者把問題歸咎於其他團隊。有時候，這種行為是在宣洩他們在管理團隊時備受壓抑的情緒。我一位朋友說過，「我沒有告訴下屬應該改善的 10%，因為我擔心他們會因此錯過剩下 90% 的正向回饋，我卻變相地將對於擔責的渴望發洩在其他團隊上。我真的只是想讓所有人都負起應負責任，我需要思考如何以健康的方式向團隊內外傳達這個訊息。」

- **別忘了為人著想**：想要受到別人喜歡是人之常情。我們之中許多人深信，受人喜歡的方式是待人和善──「當個好人」就是他們的目標信念。然而，身為一位經理，你的目標不是要「當個好人」，而是設身處地「為人著想」。待人和善是在社會上與人相處的方式，是將「請」和「謝謝」掛在口中，是為那些拿著行李或推著嬰兒車的人開門。待人和善是被問候時回答「我很好」，而不是「我心情很差，離我遠一點」。在輕鬆的日常對話中，保持友善是件好事。但是身為經理的你，你面對的是和下屬更深層次的關係，「為人著想」更加重要。告訴一個還沒準備好升職的人她還沒有準備好，並且指導她一一滿足升職條件，這體現了你「為人著想」的一面。對這個人說「也許你馬上就能升職」，然後眼睜睜看著她失敗，這樣可不是為她的職涯發展著想。願意告訴某人他在會議上的行為舉止對團隊造成干擾，這也是為他著想。這令人尷尬，也令人不自在，但身為他的經理，你的任務也包括進行這些困難的對話。

- **不要害怕**：逃避衝突往往源於恐懼。我們害怕為決定負起責任。我們害怕被說要求太多。我們擔心如果給人不自在的回饋建議，他們可能憤而辭職。我們害怕不受人們喜歡，或者我們害怕冒險而遭遇失敗。恐懼是人之常情，但更明智的作法是對衝突的結果保持敏感。

- **保持好奇心**：解決對衝突的恐懼，謹慎思考你的行動是最好的解決方案。我將這個決定推給團隊是因為他們是最佳人選，還是我只是害怕假如做出不受歡迎但卻有其必要的決定，人們會因此生我的氣？我逃避和同事一起解決問題，是因為她真的很難相處，還是我只是希望這個問題會自動解決，因為我既不想討論它，也不想出錯？我是因為下屬只是一時狀態不對，所以沒有給員工提供意見回饋，還是擔心假如我告訴了他，他對我這位經理可能產生怨懟？周全思考自己的行為，幫助自己排除一些潛在衝突。

挑戰：團隊凝聚力破壞者

優秀的團隊合作愉快。我曾被問過：「如果你晚上說要請團隊吃披薩，成員會留下來一起聊天，還是會盡快下班逃之夭夭？」

我對此有些意見。願意留下來聊天的員工，和那些因為其他義務必須下班離開辦公室的員工，他們在團隊參與度上並沒有決定性的差別。不過這個問題的確有些價值。大多數合得來的團隊會建立一種同袍之情，成員們能夠開開玩笑，一起去喝杯咖啡，共進午餐，對彼此友善以待。他們可能在工作之外有其他義務或志趣，但他們不會將團隊視為每天都想逃開的事物。

打造團隊凝聚力的目標是給予人們「心理上的安全感」，在團隊面前，成員敢於承擔風險，不害怕犯錯。這是為團隊奠定成功的基石。想讓團隊互動變得融洽，先決條件是打造友好氛圍，進而讓人們感到安全。你可以花時間去認識人們，去瞭解他們在工作之餘的生活與興趣愛好，藉此拋磚引玉，創造友善的團隊氛圍。邀請他們分享生活，關心他們孩子的生日聚會過得如何，滑雪之旅好玩嗎，馬拉松訓練是否順利等等。這不僅僅是空泛的閒聊，這樣的對話能夠拉近人與人之間的距離，幫助你清楚認知與你互動的團隊成員也是活生生的人，而不是一群無血無淚的工作機器。

除了拉近你和團隊成員之間的距離之外，你也希望團隊成員彼此有所共鳴。當公司在招募人才時提及「文化契合度」（culture fit）時，他們的意思通常是，他們想要招募能夠友好相處的人們。雖然這可能會產生一些不必要的後果，比如隱性歧視，但「文化契合度」的確有其意義。友善的團隊更加愉快，更容易凝聚在一起，這樣的團隊合作起來往往會產生更好的結果。說真的，你真的想和一群討厭鬼天天共事嗎？

這就是那些破壞團隊凝聚力的人威力如此之大的原因。他們的行為舉止幾乎總是讓團隊其他人很難感到安全感。我們將這些員工

稱為「問題員工」，因為他們往往會降低其他人的工作效率。快速揮別這些問題員工是帶領團隊的關鍵任務。

有能力的混蛋

「有能力的混蛋」是其中一類問題員工，正如我們早前提過的，這個人能力卓絕，但過於自大，讓周遭所有人都感到害怕或厭惡。這位有能力的混蛋所面臨的挑戰是，長久以來因自己的優秀能力備受肯定，於是將自己的聰明才智視為唯一的救命繩索。承認這世界上還有除了絕對智商和工作生產力之外的價值，將會動搖她一直以來深信不疑的價值觀，令她避之唯恐不及。因此，她會運用自己的高智商作為霸凌的武器，嚴厲地壓制反對的聲音，忽視那些她認為不夠格的人。每當看見不合心意，在她看來愚蠢至極的事物，這位有能力的混蛋總是會毫不保留地公開宣洩沮喪。

如今，大多數公司都聲明他們不容忍「有能力的混蛋」，但我個人對此抱持懷疑態度。對於一位經理來說，即便某人令周遭所有人都心累，要解僱工作能力優秀的人是很難的一件事——尤其是，這個人並非從始至終都是個混蛋。要多混蛋才算過分？你的腦子裡不斷合理化讓她繼續留在團隊的想法。你給她回饋之後，她有時候會好一點，但之後卻每下愈況。

避免「有能力的混蛋」症候群的最佳辦法就是，乾脆不要招募這種人。一旦招進有能力的混蛋，想擺脫他們需要相當程度的管理魄力，而這種魄力是非常少見的。萬幸的是，這些人通常會主動走人，因為即便你沒有勇氣解僱他們，但你也不太可能蠢到讓他們升職。對吧？希望真是如此。

對付有能力的混蛋，需要一位「有能力的經理」。這人可能會對你給出的所有回饋針鋒相對。你們雙方都不好過。難處在於，假如她不認為她的行為舉止造成了問題，她很難改變作風。單憑你

一個人是不太可能讓她相信她的行為出了問題。假如這人無心改變，就算在她眼前擺出所有證據，饒是費盡唇舌也無法改變她。

假如團隊中存在有能力的混蛋，身為主管的你，最好公開聲明對「不良行為零容忍」。這可能是少數幾個顛覆「公開表揚，私下批評」作法的例子之一。當某人的行為舉止對團隊造成不良影響，你不想讓這風氣變成常態，你必須在當下發聲，確立明確標準。例如，「請不要這樣和人說話，這很不尊重人。」在公開場合傳遞這類訊息需要小心謹慎，你需要好好控制自己的情緒反應。假如太過情緒化，可能會造成反噬。人們可能會認為你的回饋意見也是情緒化的產物，或者你只是在找人麻煩。在公開場合給予立即回饋時，請保持中立，但要切中重點，精準到位。請注意，這種方法只適用來修正那些你認為對團隊有害的行為。假如你認為這人只是在針對你，請改成私下討論。你的首要目標是保護整個團隊，次要目標是保護團隊中所有成員，最後才是保護你自己。

不溝通的人

另一種非常常見的問題員工是不溝通的人，這種員工習慣向你、向他的團隊成員或產品經理隱瞞資訊。這個人喜歡悶聲工作，假如一切進展順利而且完美無缺，他為團隊帶來令人驚嘆的專案。這個人不和團隊成員溝通，自顧自地撤回程式碼版本，或者直接拿走其他人的工單，代替他們完成工作。這個人不想要程式碼審查機制，也不想為大專案爭取設計審核流程。

這個人惹惱了身邊所有人。身為這位不溝通者的經理，你必須盡快抹除這種隱瞞資訊的壞習慣。如有必要，和這人說清楚，他沒有達成工作上的期望。隱瞞資訊通常是一種害怕的表現，這個人害怕被人看出自己有所不足，或者被要求做自己不感興趣的工作。有時，這是一個人認為自己應該承擔更多責任但並不尊重經理的一種表現。無論原因為何，這個人破壞了團隊凝聚力，因為

他無法和團隊成員好好合作；他不喜歡分享工作進度，沒有安全感，他的恐懼經常傳染給其他成員。

如有可能，對隱瞞資訊的原因追根究底。假如這個人不溝通的原因是害怕被批評，你的團隊是否存在苛責的文化有待解決？你的團隊有感到心理上的安全感嗎？團隊的其他成員是不是把這個人視為外人，也許是因為他有不同背景或技能組合？如果團隊拒絕接納這個人，你需要決定應該糾正團隊，或者將這人調往其他團隊。有時候，將這人調走是最為他著想的作法；其他時候，最好的解決方案是與整個團隊合作，改變團隊文化，打破排斥新人的習慣。

缺乏基本尊重的人

第三種問題員工是根本不尊重你這位經理，或是不尊重團隊成員的人。應付這種員工很困難，你可能需要借助你的主管一臂之力，但如果你能夠妥善處理，這將能展現你的優秀品格。簡單來說，如果你的團隊成員不尊重你或者她的同事，那她何必在此工作？問問她是否願意待在你的團隊工作。假如她回答「是」，那麼請清楚且平靜地說出你的期望。假如她的回答是「不願意」，那麼你可以開始著手將她調到其他團隊，或者幫助她離開公司。

就這樣？就是這麼簡單。你不需要一個不尊重你，或者不尊重團隊的人為你工作。這會削弱團隊其他成員的凝聚力，因為他們可能會懷疑那人對你的不尊重是合情合理的。越早解決，對你和團隊都好。

進階專案管理

身為工程經理的你要幫助團隊制定工作時程。當組織試著規劃本季度或本年度的計畫，你將評估團隊是否能完成某些專案、這些專案有多少工作量，以及你是否有合適人選來完成這些工作。你

可能會被問到，除了目前做出的承諾之外，你的團隊是否能接下支援舊有系統的任務，或者需要招募多少人來支援新的計畫。組織對你的期望是，你能夠做出即時評估和更具體的專案規劃。

在第 3 章關於 Tech Lead 的諸多討論中，大致地介紹了什麼是專案管理，現在，我想更深入探討一些進階的專案管理內容。身為團隊的經理，雖然你會將一部分專案規劃工作交給 Tech Lead，但你也需要負責處理另一部分。你可能需要決定團隊要接下哪些專案，什麼時候該開口擋下某些專案。你可能會被要求針對工作何時完成給出粗略估計，甚至包括那些採用敏捷開發流程，不斷迭代變化的工作。

你必須清楚掌握團隊的工作節奏和步調，才能有效地管理團隊的工作量，萬幸的是，這裡有幾條捷徑可以幫助你。

專案管理的經驗法則

以下是值得銘記於心的經驗法則。

這些都不能取代敏捷專案管理

在介紹這些經驗法則之前，有件事要先澄清一下，我不是建議你回過頭採取瀑布式開發，一開始就全盤規劃所有枝微末節。然而，大多數團隊既有大方向的長期目標，也同時擁有為了達成長期目標，更加實際且具體的短期目標。在實際規劃更具體的細節時，幫助團隊合作分工並粗略估計工作量的敏捷開發流程，在安排和組織日常工作的方面非常有效。身為經理的你，不是要破壞實際的執行過程或將其佔為己有。你負責的東西更加長遠──以幾個月或幾週的工作成果來衡量的大方向目標──這是你必須採用高層次規劃的領域。

每一季度每位工程師都有 10 個開發生產週

一年有 52 週，每一季 13 週。不過，事實上你的團隊會損失一些時間。假期、會議、績效評估期、生產中斷、新員工入職等等，所有這些事件都會分散團隊的注意力。不要期待每一季裡每一位團隊成員在主要專案上能夠投入超過 10 週的工作生產力。很大機率是，在冬日假期後的 Q1 人們生產力最高，而人們在充滿年終節慶和假期的 Q4 生產力最低。

預留 20% 時間維護現有系統

所謂的「維護現有系統」是指進行測試、修復 bug、清理陳舊程式碼、遷移到新的程式語言或平台版本，以及其他必要工作。如果能夠養成預留 20% 時間的習慣，你可以在每一季度善用這段時間，處理並優化系統的陳舊程式碼。團隊在開發的過程中同時清理系統，可以讓這些系統更易於使用，進而幫助團隊在開發新功能的任務上取得更多進展。在最壞的情況下，你可以利用這 20% 緩衝時間來解決功能開發過程可能出現的意外延誤。假如你把團隊工作時程都用於功能開發，過度緊湊的時程安排很可能導致功能開發進度顯著變慢。

當死線逼近時，說「不」是你的工作

死線在所難免，也許是你自己設定的截止日期，要麼是公司高層要求的交付期限。在緊要關頭，交付目標的唯一方法是在專案結束時縮小專案範圍。這意味著，身為工程團隊負責人的你，你必須和技術負責人、產品負責人／業務代表攜手合作，找出哪些「不可或缺的要件」其實不急於一時。你必須學會對雙方說「不」。有時工程團隊會說，如果不做一些其他的技術工作，他們沒辦法實現某個功能，這時你需要具備決斷力，弄清楚何時該採用黑客式的速戰速決手段，以及何時該慢下來，採取嚴謹的開發實作策略。有些產品功能需要相當複雜的技術工程才能實現，

你必須和產品團隊協力找出真正「不可或缺的需求」，並且溝通為了實現這些目標願景所需的成本。當事情到了緊要關頭，你要針對哪些工作在現實條件下可行、或者團隊還需要多少時間才能完成所有工作等面向，為團隊提供選項。

以「x2 法則」快速評估小任務；使用完整規劃流程來評估大任務

在軟體開發領域中有一個流行作法是「x2 法則」：每當要預估工作時，把你的預估工時乘以二。這個法則在你被要求立刻給出預測時相當實用。不過，如果你面對的是一個開發時程動輒數週的專案，你也可以將預估工時乘以二，但請注意你還需要一段完整的規劃時間。有時候，耗時更長的大型任務將會花費兩倍以上的時間，讓團隊投入到大而未知的專案之前，你值得花些時間進行更仔細的規劃。

慎選你要求團隊評估的事項

我之所以強調你在工時估計和規劃流程之中的重要角色，有一部分原因是，如果經理不斷地向他們詢問隔三差五出現的專案預估，對於工程師來說不但充滿壓力，還容易令人分心。身為經理，你有責任處理不確定性，並且控制你為團隊帶來的不確定性。不要成為工程師和公司其他部門的傳聲筒，不要像隻鸚鵡來回學舌，讓那些為了你已經承諾要完成的重要任務而埋頭苦幹的人分心。但你也不應該成為黑洞。試著建立一個適用於團隊工作範圍的流程，討論新的功能或客戶投訴，並限縮不在此流程之內的其他評估需求。

請教 CTO：加入一個小團隊

我以前在其他公司擔任過經理，現在被招到新公司，準備帶領一個由五名工程師組成的團隊。新公司的環境、技術和團隊對我來說都是全新而不熟悉的。請問在前幾週我應該如何思考我的定位？

作為經理加入一個小團隊是一項很困難的挑戰。當你從軟體工程師升職成為經理時，平衡技術工作與管理工作是一回事。而以新人之姿帶領團隊，又要同時接觸全新的程式碼又是另一回事了。

這裡有幾個在不干擾團隊的情況下幫助你熟悉軟體的方法。首先，請人帶你認識整個系統和架構，還有測試和發布軟體的流程。如果公司有常規的開發人員入職程序，在這個流程中，你可以學習如何送出程式碼和部署系統，好好瞭解這個流程。花些時間熟悉程式庫，同時觀察團隊的程式碼審核機制或合併請求（pull request, PR）作法。

在你到職的前 60 天內試著至少開發幾個功能。找一個已充分規劃的功能需求，搞定它。和團隊的工程師搭擋，進行結對程式開發。邀請團隊成員審核你的程式碼。執行程式碼發布，假如團隊職責包含系統維護，那麼請至少輪流支援幾天。

你可能會發現，這樣會放慢你的管理入職流程，因為你在學習如何在系統中工作。你值得將步調放慢。藉由認識程式碼，瞭解程式碼開發流程，以及團隊日常使用的工具和系統，你將得到管理這個團隊所需的必要知識，並且在技術上獲得他們的信任，相信你有真材實料，有能力帶領團隊成功。

評估你的個人經驗

- 身為團隊經理，你的新職責是什麼？為了給這些新責任騰出時間，你停止繼續做哪些工作，或者將哪些任務轉交給別人？

- 你對團隊的的日常工作的瞭解有多少，比如程式碼開發、部署和維護？

- 你團隊將工作標記為完成的頻率有多高？

- 你上一次開發功能是什麼時候？最後一次除蟲（debug）是什麼時候？上一次和團隊成員搭擋一起解決開發中的困難是什麼時候？

- 你有沒有遇過某位成員為團隊帶來大量負面情緒的經驗？你預計怎麼解決這類問題？

- 你的團隊成員合作良好，相處融洽嗎？他們在會議上會笑臉以對嗎？聊天時會開些玩笑嗎？一起喝咖啡或共進午餐嗎？你們上一次坐下來不談工作是什麼時候？

- 你的團隊如何做出決策？你有分配決策責任的流程嗎？哪些決策必須由你來做？

- 你上一次審查已完成專案是什麼時候？專案有達成預期的目標嗎？

- 你的團隊瞭解他們手上專案的脈絡知識和重要性嗎？

- 你上一次縮小專案範圍是什麼時候？你如何決定哪些工作應該割捨？

6

管理多團隊

歡迎來到多團隊管理的世界！在聊如何管理經理之前，我們先來談談如何管理多個團隊，因為雖然這些事情有些共通處，但並非完全重合。現在的你，手下可能有幾位 Tech Lead 直接向你回報，在瞭解幾個團隊工作進展的過程中，也同時兼顧著直接管理三四個人，這一切都指向一件重要的事：你沒空、沒法寫程式碼，通常也沒能將程式碼推上線。

我曾為以前的工作規劃職涯發展階梯，工程總監（director of engineering）的角色經常是人們開始管理多個大型團隊的起點。我們來看看這個職位的任務描述：

> 工程總監為技術團隊中某個重要領域負責。工程總監通常帶領跨產品或跨技術職能的工程師團隊。技術負責人或個人貢獻者都直接向他回報工作進度。

> 一般而言，工程總監不需要每天碰程式碼，但必須對組織的整體技術能力負責，必要時會透過培訓和招募人才來指導團隊，提升整個團隊的能力。擔任此職位的人擁有扎實的技術背景，願意投入時間研究新興技術，跟上科技行業的趨勢。他們會協助除蟲（debug）和分流（triage）關鍵的系統，並且足夠瞭解他們監督的系統，能夠執行程式碼審查，並根據需要協助團隊探究問題。他們擔任技術專家的角色，對系統架構和設計做出貢獻，向團隊中的工程師詢問關於業務和產

品的問題，確保團隊開發的程式碼符合業務和產品需求，並且可隨需求成長而自由擴展。

工程總監的主要任務包含確保團隊順利作業，交付複雜的可交付產品（*deliverables*）。為此，他們致力確保團隊持續評估和完善軟體開發／基礎設施的標準和流程，打造為業務帶來持續價值的技術。他們負責建立高效且高速的組織，隨著業務成長和變動，協助組織衡量流程並進行迭代。他們負責人才招募、人員管理和規劃，為組織發展工程師職涯規劃與培訓。如有必要，工程總監將負責管理供應商關係並參與預算規劃。

工程總監的影響力應該橫跨技術組織的多個領域。他們負責在組織中創造和培養下一代領導和管理人才，幫助這些人才學習如何在技術和人員管理與領導之間取得平衡。他們熱衷於打造高效、高參與度、充滿工作動力的組織，並負責幫助組織留住關鍵人才。此外，工程總監還負責在短期與長期業務或產品目標，與技術債和符合組織策略的技術開發之間取得平衡。

工程總監是優秀的領導者，他們為技術和公司其他領域之間的跨部門合作樹立典範。這種跨領域合作的目標是打造技術開發路徑圖的大方向策略和具體戰術，以此滿足業務需求、生產效率和收入目標，並且為組織帶來技術上的創新。

工程總監擁有強大的溝通能力，將技術概念化繁為簡，向非技術出身的合作夥伴解釋，又能透過激勵和指導，向技術團隊解釋公司業務目標。工程總監為 *Rent the Runway* 的技術組織打造良好積極的公眾形象，能夠向潛在人才推廣公司與技術領域。

工程主管擁有深厚技術經驗，明確瞭解公司業務發展方
向，他們負責指導組織中所有團隊的目標制定流程，幫助
團隊規劃符合業務計畫、技術與組織品質的各項目標。

我相信一個實際負責多團隊管理的人很難再天天和程式碼打交
道，我煞費苦心地確保我們說到做到，言出必行，保證工程總監
不需要每天寫程式碼。到了這個階段，你已經從「生產者」變成
了完完全全的「管理者」。除了一對一會議之外，和其他工程負
責人（engineering lead）的會議、團隊規劃會議、以及與產品
管理或業務部門的其他會議，你的一整天忙碌無比。對你的工作
行程表更實際一點。假如你不能保證一週至少有幾天能安排幾個
完整的時段來開發程式碼，那麼任何開發進度都會窒礙難行。

幸運的是，對我們來說，還有幾個不需要碰大量程式碼的辦法幫
助我們保持手感。對於二級審核人員來說，程式碼審查就是個好
方法。假如你更親力親為地建立系統，請繼續關注這些系統，因
為你會比大多數人更能牢記技術細節，可以透過程式碼審查和提
問來幫助為這個系統工作的工程師。除蟲和系統維護也很有幫
助。維持手感的辦法取決於你的技能組合。假如你在升上管理職
之前對除蟲不是很在行，讓你埋頭解決技術問題反而更容易造成
麻煩。你可以改採結對程式設計，或者修復一些小型 bug 或功
能，這樣更能派上用場。我們經常將這些小的努力視而不見，認
為它們沒什麼價值，但是，讓這些小功能能夠讓你保持軟體開發
的手感，並向團隊展現你的意願和價值，協助他們的日常工作。

如果你在接手這個角色之前，沒有好好累積 coding 實力和經
驗，不能夠流利地使用至少一種程式語言，那麼對技術工作放手
的風險就會大幅加劇。我強烈建議你在進入管理職之前，投入足
夠的時間掌握程式設計這門領域。以我的經驗來看，將大學和碩
士學位計算在內，我總共花了 10 年。你可能不會花費像我這樣
長的時間，但切記要仔細審視自己的實力是否足夠到位。在有限
的時間裡學習某一種程式語言，使用標準開發環境並在標準框架

和程式庫中工作之後，你認為自己是否有足夠瞭解這個程式語言，能夠開發高品質的程式碼，為程式庫做出貢獻？畢竟，即使是最高深的知識會隨著時間逐漸消逝，但是流利使用一門程式語言（包括對標準工作、程式庫和運行時間的熟練使用感）的深刻經驗將伴隨你一輩子。

對技術熟稔於心，包括深刻瞭解如何使用該程式語言高效工作，和團隊其他人一起佈建可部署到生產環境的軟體。為團隊問題除蟲，讓團隊順暢地生產高品質的軟體：如果不能熟悉軟體開發的節奏，你將在這職級的關鍵任務上受苦。

最後，即使你不打算寫太多 code，我也強烈建議你每週至少有一個完整的半天時間，不要安排任何會議或其他工作，專注在一些富有創造性的追求，比如撰寫關於技術的部落格文章、準備科技大會的演講內容，或者參與一個開源專案。做些事情來止住對於創造一些東西的渴望，否則身負經理重任的你，很難克服這種蠢蠢欲動的騷癢。

請教 CTO：我好想念寫 code 的日子！

我現在帶著兩個複雜的團隊，管理上的職責重擔迫使我退出技術的第一線。我發現我非常想念寫 code 的日子。這是我不應該擔任經理的跡象嗎？

幾乎每一位曾經對軟體開發親力親為的技術職轉向管理職的人都會經歷這種過渡期，他們經常會質疑自己是否選錯了路。此外，許多人也擔心在這個過程中失去了所有寶貴的技術能力。問問你自己，「管理不是一份正經工作」的想法是不是在你腦中根深蒂固？科技行業中充斥著鄙視管理職的人們，他們認為管理不如寫 code 重要。但是，管理確實是一份工作，是非常重要、不可或缺的工作，而且是你「現在」的工作。

程式碼開發工作帶來快速的勝利，尤其是對資深的開發人員來說。通過測試、功能誕生、完成編譯、搞定 bug，這些都是短時間內可見的成果。管理工作很少有顯著且快速的速贏，尤其是對於新經理來說。當你面對的只有你的電腦，而不必處理各種混亂、牽涉複雜人性因素的事情時，渴望「簡單」是人之常情。當你進入職場後，大概會懷念當學生的日子，因為在學校時你知道好好學習會有什麼收穫。對簡單的日子感到懷念當然無傷大雅，對你放棄的技術工作感到畏懼也很正常。你當然不可能一次做好所有事情。想成為優秀的經理，你必須專注發展管理技能，而這需要你對技術稍微放手。這一切的利弊權衡皆取決於你。

時間管理：哪些事情最重要？

許多管理責任在你面前，根本無暇寫 code，你可能會覺得一整天都被其他人的事情綑綁。會議排山倒海而來：一對一會議、規劃會議、進度報告會議、stand-up 會議、sit-down 會議……戰鬥、戰鬥、戰鬥！

不！等等！別在戰情室裡打架！

現在，是你想想時間管理的重要性了。否則，你會發現日子一天天過去，卻沒有成果可以展示。身為經理的工作，不單單是參加各種會議，你還有要達成的目標，比如為團隊設定目標，幫助產品團隊為產品路徑圖上加入細節，確保你指派下去的工作確實完成。假如你不多加小心，追蹤任務完成情況可能是最容易消耗或干擾你的事情。

時間管理這件事很看人。有些人非常有條不紊，會制定複雜的策略來管理他們的行程和待辦事項。我誠心佩服他們，因為我不是有條有理的人。不過，大衛・艾倫的《搞定！：工作效率大師教

你：事情再多照樣做好的搞定 5 步驟》[1] 中的時間管理策略令我獲益匪淺，即使你不打算採用整套策略，也值得仔細一讀。

同時，無論你最後想採取什麼做法，我的時間管理哲學應該也能幫上忙。時間管理，追根究底，在於搞懂「重要」與「緊急」之間的差異。幾乎所有工作任務都會落在表 6-1 的四個象限之中。

表 6-1　決定事情的優先順序

	不緊急	緊急
重要	策略性，必須安排時間	盡快處理
不重要	趕快避開	令人分心的誘惑

如果是重要且緊急的事情，請你盡快處理。你懂的，幫助修復重大的故障、明天得交的績效評估報告，或者是你看中某位候選人，但他同時拿著其他公司的錄用邀請函，在一兩天內到期。假如你錯過了這些急迫的關鍵任務，你將遭受實際的損失。你不可能看不見忽視這些任務的嚴重性。

當你無法明辨任務重要性時，時間管理的一大挑戰就出現了。比起任務重不重要，人們通常更容易感覺到任務的緊急性。回覆 email 就是一個例子。email 經常是人們分心的原因，因為那些紅色的未讀數字表示有新的東西正等著你，讓你覺得應該趕快處理。不過，說實在的，那些 email 真的十萬火急嗎？email 大概是傳遞緊急內容的最糟工具。這讓你覺得心急，但實際上，真的沒必要那麼趕。這就是為什麼許多時間管理技巧都鼓勵人們在固定的時間裡閱讀和回覆 email。我們也傾向於用「顯然」替代「緊急」來評估某些事情的價值。假如你的行事曆上安排了一場會議，確實，你「顯然」該出席會議，但這場會議真的很緊急嗎，還是你其實想用它來逃避思考利用時間的最佳方式？

1　David Allen, Getting Things Done: The Art of Stress-Free Productivity (New York: Penguin, 2001).

許多事情讓你感到著急，然而其實不然。比方說，整個網際網路、新聞媒體、Facebook、Twitter 等等。在聊天室傳遞的訊息可能讓人感到心急，但對於在同一個空間共事的團隊來說，用聊天室溝通真正重要且刻不容緩的內容，這簡直跟傳 email 的作法一樣糟糕。在現代的工作場景中，科技從業人員的溝通手段基本上從 email 轉移到 Slack 和 Hipchat 等聊天系統。這麼做有好有壞，但要注意，改變溝通手段並不是為了減少溝通。文字和資訊持續流動，他們只是移動到不同的所在。也要注意不被聊天系統中不斷滾動的訊息分散了專注力。

很有可能，你將大把時間花在了緊急但不太重要的事情上，犧牲了沒有時間壓力的關鍵任務。這種重要但不緊急的任務，比如為會議做好充足準備，進而有效地指導團隊進行會議。健康的會議需要各方投入參與，想促成簡短但富有成效的會議文化，需要參與者事先做好充分的前期準備。身為管理多團隊的經理，你可以透過推行高效會議文化為自己爭取更多工作時間。思考一些合理的作法或方案，讓人們為「做好會議準備」這件事負責，比如要求團隊事先給出會議議程。任何涉及一群人的標準會議，不論是規劃、回顧或者事後檢討會議，都應該具備明確的會議流程和預期的成果。

跟前幾個的管理職位相比，當你走到這個管理階層，你的老闆期望你足夠成熟，能夠獨立管理自己和帶領團隊。這表示，在那些重要但不緊急的時間變成刻不容緩的工作之前，尤其是在它們變成你的經理也為之著急的工作之前，你的經理相信你能夠主動積極地去解決。沒有人會告訴你要如何管理行程來處理這些重要的事物，你必須自己摸索解決方案。我見過不少經理在這一件事情上吃虧碰壁，因為他們沒辦法有條有理地處理各種不同性質的工作任務。

有些會議可能被歸類在「緊急但不重要」的分類，你有權決定不參加那些沒有必要的會議。不過，在這個管理職級上，請小心執

行這個策略。讓團隊快樂參與並且成功推展進度的責任落在你的肩上。假如你不再參加他們所有的內部會議,很可能與及早發現問題的線索失之交臂——比如問題可能出自團隊存在過多枯燥無聊的會議。在會議期間,看看團隊成員,觀察他們的參與積極度。假如有一半人打瞌睡、發呆放空,滑手機或用電腦,忽視會議進程,或者消極參與會議,這種會議就是在浪費他們的時間。參加這些會議,也是為了幫助你瞭解團隊的動態和士氣。快樂的團隊充滿動力,積極投入。不開心或缺乏動力的團隊,他們經常感到精疲力竭或百無聊賴。

讓我們說回「重要但不緊急」的任務。對於未來的思考在這些任務中名列前茅。毫無疑問,有些事情是你的義務,但不得不擱置。也許是為你想招募的職位撰寫工作描述。也許是從零開始制定人才招募計畫。這任務可能是審視專案目前工作,確保沒有顯著問題悄然蔓延,或者與另一個團隊的經理交談,針對共同的問題進行討論,解決意見上的衝突。這任務也可能是關注那些重要但有一段時間沒想過的事情,好讓你審視現況,知道該專注在哪些事情上。假如你不保留一些時間來思考這些問題,它們將會以措手不及的方式向你撲來。身為管理著多團隊的經理,你要負責平衡思考的廣度和深度,瞭解團隊目前工作的細節,也要詳加考慮未來的發展方向,知道需要做些什麼方能達成大方向目標。

在你努力履行新義務的時候,問問自己:我正在做的事情有多重要?它是因為緊急而顯得重要嗎?這週我花了多少時間在處理緊急的事情?我有沒有為不緊急但重要的事物騰出足夠的時間?

最短暫,最艱難的體悟:成為經理

身為一位經理,我在心裡記錄著一份團隊需求的清單。這份清單包含,我正在監督的事情,我正在努力解決的事,我正努力為他們尋找的事情。我的任務是瞭解發生了什麼事,以及讓整個團隊高效運作需要哪些東西。

也許你可以檢視工作的狀態，然後說：「我們現在有個死線要趕，我們下個月需要多一位工程師支援。我會是那位工程師。」

但更有可能的情況是，你看到了事情的進展，意識到團隊需要的是一位經理。因為你還需要招來 X 名人手。因為 Y 很有潛力，但需要更多的輔導。因為產品、設計或其他團隊並沒有滿足團隊需求，所以你得爭取。因為流程很重要，而現行流程並不充分，或者流程大錯特錯。

假如你的團隊更需要一位經理，而不是工程師，那麼你必須接受這個事實，這意味著，擔任經理的角色意味著你不能身兼多職，還要勉強做工程師的工作。我知道有人能夠兩者兼顧，但你必須思考權衡，假如你擔任不好某一個角色，你應該放棄當經理還是工程師？

假如我做不好工程師的工作，我感覺糟糕透頂，但如果我沒做好經理的職責，那將波及其他人，這對他們不公平。

所以當一天結束時，假如我覺得自己沒有寫下足夠的程式碼，也沒辦法量化我所取得的成就時，我會告訴自己，今天的我努力做好經理的角色。這對今天來說已經足夠了。

—— *Cate Huston*

決策與授權

這幾天工作下來，你感覺還好嗎？和大多數新的全職經理一樣，你大概會覺得筋疲力盡。雖然你一整天裡沒有寫多少程式碼（甚至完全沒寫！），但當你回到家時，你發現自己連決定晚餐吃些什麼的力氣都沒了，沒有力氣經營興趣愛好，也沒有力氣吃垃圾食物，也許你會開瓶啤酒，然後放空地看著電視或電腦，直到你該上床睡覺。

管理多團隊的最初幾個月可能像是一場死亡行軍，儘管你的工時並不算長。曾經的專注力被割裂成細小的碎片，被投擲到一天之中無數個會議中。在我剛開始管理多個團隊的頭幾個月，過度說話導致失聲是家常便飯，我完全不習慣每天說這麼多話。一位朋友最近也成為了工程總監，她不得不聘請一位助理幫她張羅午餐，因為她發現她經常忙到忘記吃飯，而且當她意識到自己飢腸轆轆的時候，已經沒有力氣決定該吃些什麼。

所以，首先，壞消息是：擺脫這種局面的唯一方法就是撐過去。事實上，我預計大多數人都會經歷像這樣子兵荒馬亂的時期，假如你沒有這種經驗，要麼你運氣過人，否則你得仔細檢查，確定你真的關注了所有需要你費心的事情。根據我的經驗，在適應轉變的同時還要負責帶人，假如你沒有因此感到不知所措，那麼你大概錯過了一些東西。

從這個階段開始，最能形容管理的比喻大概是「轉盤子」。假如你不知道什麼是轉盤子，這是一種奇妙的雜技表演，表演者手中會拿幾根竿子，每個竿子上都在轉一個盤子。表演者必須留意所有盤子，避免它們轉得太慢從竿子上掉下來。你的盤子就是你管理的人員和負責的專案，你的工作是搞清楚什麼時候哪些人需要多少關照。掌握轉盤子的技巧在於，保持學習的心態。你還在學習如何讓盤子轉起來，你可能會讓某些盤子掉下來，因為忽略它們太久了。磨練你的直覺，知道什麼時候該照顧哪些盤子，就是玩好這場管理遊戲的竅門。

現在，好消息來了：隨著你越來越有經驗，你會更加進步。你的直覺會更敏銳。你會留心那些初期預警信號，告訴你專案進度不如預期、人們準備辭職或團隊表現不佳的徵兆。上一節內容中我曾建議你審慎考慮是否退出會議，部分原因是因為這些會議是讓你發現團隊動態健不健康的好地方。這也是為什麼我強烈建議你與直接下屬維持定期、可靠的一對一會議。假如你有太多下屬，你可以將會議頻率改成兩週一次。假如你因為忙於其他工作而選擇不開一對一會議，那真是錯失員工辭職預兆的絕頂辦法。

我將這一節內容命名為「決策與授權」——請問「授權」的部分
在哪裡？授權是讓你擺脫太多旋轉中的盤子的主要對策。當任務
來臨時，問問你自己：這項工作非我不可嗎？答案取決於幾個因
素（請參見表 6-2）。

表 6-2　決定授權或自行完成工作

	頻繁	不頻繁
簡單	授權	自行完成
複雜	授權（保持謹慎）	授權以培養人才

工作任務的複雜程度和頻率可以作為授權與否的根據和做法。

授權簡單且頻繁的任務

如果任務簡單而頻繁，可以交付給值得信任的下屬。這類任務包
括主持 stand-up 會議、每週寫一份團隊進度總結，或者執行小的
程式碼審核工作。Tech Lead 或其他資深工程師可以接下這些任
務，甚至不需要經過額外訓練。

自行處理簡單但不頻繁的任務

如果某項不常出現的任務，比起向別人解釋由自己來做還更快，
那就自行處理，即便這項任務可能有失你的身分。比如為團隊預
訂臨時會議門票，或者運行腳本產生季度報告等工作。

使用複雜但不頻繁的任務作為培育未來領袖的機會

撰寫績效評估報告和招募規劃是屬於你一個人的責任。不過，你
可能也想藉此培養未來的經理。可以邀請 Tech Lead 與你一起為
一位實習生寫績效評估報告，或者請資深工程師提供意見回饋，
詢問他對於明年可能需要多少人手支援專案的看法。向上司請教
如何做好這些工作，當你更加熟練之後，就能開始培養新的領導
者，幫助他們認識這些工作的眉角。

授權複雜且頻繁的任務來培養團隊

諸如專案規劃、系統設計或在故障事件中成為關鍵人物的任務都是在團隊中培養人才的大好機會，同時也能讓團隊運作變得更好。優秀的經理會在這些層面上投入大量時間培養團隊成員。你的目標是讓團隊能在你過度參與或干預的情況下高效運作，這表示，團隊中有人能夠接下這類複雜的任務，在你無需在場的情況下自在應對。

你的團隊正學習如何獨立運作，還是在關鍵職能上團隊必須依賴你？列出那些只有非你不可，而且只有你知道如何完成的任務，這可能包括撰寫績效評估報告或制定人才招募計畫。這些任務中可能有一些對於團隊成長非常重要，比如專案管理、幫助新成員入職、與產品團隊合作，將產品路徑圖的目標轉化為技術上的可交付目標，另外也包括系統維護，這些都是團隊成員需要掌握的技能。你需要花費時間教導這些團隊做好這些工作，但以長遠的角度來看，這將會你省下大把時間。不僅如此，教導團隊掌握這些工作也是你的職責之一。身為經理，你有責任在組織中培育人才，幫助員工學會邁向職涯下一階段所需的技能。

「授權委派」是一個起步緩慢，需要耐心培養的過程，但這對於職涯發展不可或缺。如果在沒有你的情況下，團隊無法獨立而良好地運作，你將很難再向上升職。培養人才，並將決策的權力下放給團隊成員，讓你騰出時間心力轉動更多有趣的新盤子。

請教 CTO：警訊

我遇過好幾次團隊陷入困境而有人一聲不響辭職的情況。有什麼警訊能幫助我及早發現這些問題嗎？

開始管理一陣子後，你肯定會注意到某些警告訊號。以下是我的體悟：

- 平常很健談、快樂且積極工作的成員突然開始遲到早退，在工作時間藉故離開，在會議中沈默不語，不參與團隊聊天。這人要麼在生活中遇到一些重大變化，要麼就是準備離職。一般來說，假如家人生病了、出現感情問題，或是健康出狀況了，人們通常會和別人說，但這也不是放諸四海皆準。假如在諸如升職、團隊重整或其他事件等重大組織變動之後，這人的工作態度產生變化，那麼他／她很可能是覺得自己被忽視了。無論原因為何，在這人真的遞出辭呈之前，你應該和他／她進行坦誠的對話，好好聊一聊，試著找出問題的根源。

- Tech Lead 聲稱一切順利，但經常取消和你的一對一會議，也很少在進度報告會上分享細節。這個人很可能在隱瞞些什麼。可能是工作進展比他預期的慢上許多，或者是他忙著建造超出專案範圍之外的東西。請幫他儘快制定一個清晰的專案計畫，並且做好調整計畫的心理準備，當變化發生該如何應對。這樣一來，他就很難將工作進度隱而不報。你還要幫助他確實掌握專案目標和範圍，對於新手 Tech Lead 來說，這件事可能充滿挑戰性，令人望而生畏。你也許會覺得這和管理新員工有些相似之處，因為新人們經常還沒進入狀況。還有一種可能是，某人投入大量時間提倡新的語言、推廣新平台或鼓吹新流程，卻沒有完成分內工作。

- 團隊在會議中無精打采，毫無動力。會議彷彿要開到天荒地老，只有產品經理和 Tech Lead 在發言，其他人則默不作聲，或者必要時才開口。對會議興趣缺缺，通常暗示了團隊對於工作沒有參與感，或者覺得自己在決策過程中沒有發言權。

- 團隊的專案清單似乎瞬息萬變，一切端看客戶當天的心情。這個團隊沒有考慮除了取悅客戶以外的目標，團隊也許需要更明確、更完善的產品或業務方向。

- 小團隊各自為政，不考慮全局；工程師對與他們無關的系統一無所知，既沒興趣瞭解，或者完全沒有學習這些系統的意願。這個小團體更關心自己的日常工作，只在乎他們會接觸到的系統，不會考慮涉及大團隊或整個組織的工作和系統。他們不樂意按照大團隊或業務要求來改動自己的系統。

挑戰：說「不」的策略

創造有助於團隊好好工作的環境，幫助他們輕鬆完成工作是經理的任務。讓團隊保持專注，好讓他們發揮所長。經理培養團隊成員的情誼和友情，幫助人們學習新的技能。經理的角色是推動者、教練和支持者。

想要創造優質的工作環境，經理有時必須勇敢拒絕。他必須對團隊說不，對平級經理說不，甚至要向自己的上司說不。每一次說「不」都有其難處，優秀的經理必須採取有效的拒絕策略。以下是我認同的幾個策略：

「好的，那麼」

當你變成經理之後，向老闆說「不」這件事可不是簡單一句「不」就能搞定。相反地，拒絕老闆的請求比較像是「好的，那麼……」的即興發揮。「好的，我們可以做這個專案，那麼我們需要是推遲路徑圖上另一個專案。」請以積極的態度回應，並且清楚表達現實條件，這是助你躋身高階企業領導層的門票。對於大多數工程師來說，這種「積極的說不」策略是很難掌握的溝通技能。我們太習慣闡述專案的缺點，很難擺脫脫口說出「不，這不可能」的下意識反應。開始掌握「好的，那麼」的說話的藝術，加以運用到和上司和平級同仁的對話中，觀察這個說法如何將爭議性的分歧轉化為更實際的談判，爭取工作的優先處理順序。

建立規則

你必須讓團隊知道該怎麼讓你點頭，讓你說「好」。也許你正在和一位工程師打交道，他想將某個專案換成新的程式語言，而這是團隊不使用的語言。他有備而來，滔滔不絕地解釋這個語言是完成專案的完美工具，但你不想要僅僅因為它很完美就點頭同意。你可能會忍不住直接說不，說明你的考量，然後結束討論，這種做法有時確實有效。但你更可能發現自己一遍又一遍地說出同樣的「不」，重複給出相同的理由。「不行，我們需要更多人懂那個語言，我們要先搞懂將這語言投入生產意味著什麼。」、「不，我們需要 logging 的標準作法，我們要先考慮測試該怎麼做。」當你開始一再重複那些拒絕的理由，你變相得到了合理規則的立論基礎。這些規則包括必須滿足的硬性要求，以及考慮決策時的指導方針。制定規則，能夠幫助團隊提前搞懂讓你點頭說「好」的代價。

請說服我

制定規則雖然實用，卻也無法涵蓋所有狀況。下一個策略是「請說服我」，這和制定規則類似，但在沒有明確規則的偶發情況下更能發揮效用。有時候，你會遇到一些看似沒有經過深思熟慮的點子。「請說服我」的作法是，由你提出問題，針對你覺得有漏洞的地方深入挖掘。通常，這種提問方式能夠幫助人們自己意識到他們的提案並不是個好主意，但有時他們的思路也可能為你帶來驚喜。無論結果為何，以好奇心為出發點的提問，既能幫你合理說不，又能為員工提供指導。

訴諸預算

和團隊成員或平級同仁交涉的時候，你可以運用的另一個策略是訴諸預算或時間壓力。直接了當地列出目前所有工作量，讓對方明白在當前條件下並沒有太多的改動空間。有時候會跟「現在不行」搭配使用，這是一種帶有消極攻擊性的說「不」策略。

「現在不行」意味著你可能會同意這個點子，但現在不是最好的時機，也許你會在未來實踐它。這通常不是假話，所以「現在不行」經常脫口而出。但正如前述，當你說「現在不行」，這暗示著「日後」你會採取行動，那麼你得確保這個「日後」真的會到來。

齊心協力

有時候，你和平級同仁（尤其是跨部門如產品或業務部的平級經理）需要共同行動，一起說「不」。這個策略基本上適用於任何情況。有時候，你秉持著技術上的經驗，為產品團隊的利益著想而開口說「不」。有時候，為了避免預算超支，你會求助於財務部門一起說不。在適當的時機裡，你可以利用幫忙說「不」來做人情，未來有需要時再討回這個人情。不過，太常使用「唱黑臉／白臉」的策略會讓你顯得不夠真誠，請謹慎使用。

不要含糊其辭

當你發現自己必須說「不」的時候，與其拖拖拉拉，言詞閃爍，不如速戰速決。假如你有權利說不，而且你不認同這件事，那麼請拉你自己一把，不要糾結於如何開口。不過，人難免會犯錯，請為你的錯誤道歉。你不會有閒情逸致為每一項決定做完整的調查與分析，對於那些低風險且影響層面不大的決策，練習快速說「不」或說「好」！

請教 CTO：技術負責人未善盡管理責任

我的 Tech Lead 照理說應該要督導團隊的初階工程師將 app 的程式語言從 Objective-C 改成 Swift，但我發現初階工程師竟然還沒寫好這份專案計畫，也沒有回答我在設計審查會議中給出的任何意見回饋。我該如何讓 Tech Lead 在我不介入的情況下善盡管理責任呢？

在授權委派的過程中，失敗在所難免。聽起來你的 Tech Lead 不明白你要求她負責確保初階工程師跟進設計回饋的後續，並建立專案計畫。因此，第一步是問問你的 Tech Lead，為什麼這些工作還沒完成？

你可能會聽到夾雜諸多因素的答案。一，Tech Lead 自己的工作忙不過來，忘了跟進後續。這種情況確實會發生，你必須提醒她在程式開發工作和其他職責之餘，也要兼顧管理義務，為團隊成員的工作提供指導和監督。

二，當工程師無法給出明確的工作規劃時，Tech Lead 難以有效控制團隊的工作進度。問問她和這位初階工程師如何交流，看看你是否能建議其他作法。有時，新手 Tech Lead 不願意敦促人們制定專案計畫，因為他們覺得自己沒有實權，當他們要求某些事情而對方卻從未實現時，他們很容易感到慌亂。

和 Tech Lead 協力合作將是最好的作法，幫助她取得所需技能和信心，讓她能向團隊成員要求進度回報。比起直接介入，這個做法雖然緩慢，但你將教會團隊認真看待 Tech Lead 的要求，並教會 Tech Lead 獨立領導團隊。

程式碼之外的技術要素

到了工程總監這個階段，管理變得更加錯綜複雜。經理的任用標準一部分是看中技術能力，但大多數人認為「管理」跟「技術」搭不上邊。畢竟，經理大概沒時間開發程式碼，或負責搞定系統設計，對吧？

如果誤認為這職級的工作職責已經和技術脫節，那真是天大的誤會。事實證明，除了具備純粹的管理技能，你還需要學習新的技能才能高效管理團隊。假如你知道軟體開發是怎麼運作的，你將更容易掌握這些新技能。現在，你對技術的關注焦點變成讓開發

人員工作的「系統」，你需要一雙敏銳的雙眼，觀察反映系統健不健康的信號。這些信號是什麼呢？

《首先，打破成規——八萬名傑出經理人的共通特質》（*First, Break All the Rules* [2]）這本大名鼎鼎的管理學著作提到了幾個能預測團隊生產力和滿意度的問題。其中包括：

- 我是否明白我在工作上應該達成哪些期望？

- 為了正確完成工作，我是否具備所有必須的資源？

- 我每天有機會做我最擅長的事情嗎？

對大多數工程師來說，這些問題的答案，可以從他們推送程式碼的速度和頻率一探端倪。假如他們對分內工作有著清晰概念，他們知道該產出什麼樣的程式碼。假如工作、自動化和程序完備且到位，方便使用，他們就能好好寫出程式碼。如果他們沒有被過多的會議分散注意力，或者疲於應付突發事件或系統維護上，他們當然能天天開發程式碼。這些反映團隊健康度的信號：程式碼發布頻率、將程式碼合併到主幹的頻率，以及事件發生頻率，這些都是團隊知道該做些什麼、是否有合適工具，以及每天是否有時間進行軟體開發的關鍵指標。

衡量開發團隊的健康度

當你開始為開發團隊的工作健康度著想時，運用你的技術敏銳度，去設計系統和開發流程，幫助團隊工作順利開展。建立那些能夠幫助開發人員搞定工作的工具。幫助團隊保持專注，讓他們明白下一步需要什麼、該做些什麼。仔細審視每一步流程，確認這些開發流程能提供的價值，思考這些流程能不能自動化。參考以下這些方法，衡量團隊的工作健康度。

2　Marcus Buckingham and Curt Coffman, First, Break All the Rules: What the World's Greatest Managers Do Differently (New York: Simon & Schuster, 1999).

程式碼發布頻率

第 5 章談到技術團隊經常遇到的障礙包括無法交付成果，而程式碼發布頻率是最直觀的衡量指標。假如你的公司不重視頻繁發布程式碼的價值，那我感到很遺憾。在當代軟體開發業界，程式碼變更的頻率是衡量工程團隊健康度的主要指標之一。在專注於產品的團隊中，優秀的工程經理知道如何創造環境，讓團隊快速運作，將工作分解成數個小區塊。即使你的公司不重視，你也必須努力幫助團隊找出最適當的發布頻率。就算你構建的是一個不能頻繁發布的產品，比如某個資料庫系統，我相信至少會有一些完整的工件被推送到開發人員專用或 beta 版測試環境中，這對發布頻率和系統穩定性也有所助益。

為什麼不更頻繁地發布程式碼呢？觀察你的團隊。如果他們沒有持續發布，或者每天發布，你知道具體發布流程是什麼樣子嗎？費時多久？在過去幾個月裡，程式碼發布出問題的頻率有多高？出問題會是什麼狀況？遇過幾次因為問題而不得不延後發布或撤回程式碼變更呢？這會造成什麼影響？如何確定程式碼準備就緒，可以上線？投入生產費時多久？程式碼上線與否的決定權在誰身上？

我敢打賭，如果你睜大眼睛，好好看一看那些不經常發布程式碼變更的團隊，你一定能看出不少破綻。執行一個程式碼發布的流程，從頭到尾需要不少時間。工程師不認為他們該兼顧程式碼品質，選擇將這項任務全都交給 QA 團隊，導致溝通上的來來回回，導致專案進度緩慢。在錯誤的發布情境下，想撤回程式碼可不容易，往往會花上不少時間。發布流程中的失誤常常會導致生產環境發生事故，或對開發版本造成破壞。團隊中的許多弊端經常源於無法頻繁發布程式碼。

你可能會說：「謝啦，真是中肯的建議，但我沒時間去做這個，我得搞定產品路徑圖上該交付的工作。」或是「我們的系統的設計初衷不是為了經常發布程式碼。」甚至是「頻繁改動程式碼對我們的重要性並不大。」

重點來了。你的團隊完全發揮工作生產力了嗎？工程師接下有挑戰性的任務並獲得成長了嗎？產品團隊對開發進度感到振奮嗎？人們能夠把大部分時間花在編寫新的程式碼和開發系統上嗎？如果你回答「是」，那就太棒了，請忽略我的建議。如果你的回答並不肯定，你很可能遇到問題了，選擇置之不理，可能為你帶來大麻煩。

請記住，身為技術領袖，雖然你可能不親自寫程式碼了，你仍要對這些技術工作的成果負起責任。你也要負責讓團隊快樂且高效地工作，而解決方案通常不是灌心靈雞湯或給更多錢或者更常稱讚表揚他們，你應該幫助他們提升生產力，給予他們新的挑戰，讓他們進步更快，創造更棒的成果，並且幫助他們抽出必要時間讓工作變得更有趣。你必須成為改善技術流程的倡導者和推動人，即便你不是親自實現流程改進的那個人，這麼做能提升工程師的生產力。

推動更加頻繁的程式碼發布的好處在於，這經常能帶來許多有趣的挑戰。增加發布頻率，沒有絕對的唯一辦法，因為發布頻率經常因團隊而異。基本上，你肯定要解決一些自動化元素。另一個常見的挑戰包括，如何讓啟用／停用功能的開發者工具符合你們的程式庫邏輯。在設計程式碼時，必須考慮如何不破壞向後兼容性、如何滾動式升級系統，漸進地實現小的變更而不是一口氣發布巨大補丁，這些問題都需要你仔細思量。即使你並不真的會碰程式碼，但你也有責任為促進開發品質而努力。從產品開發路徑圖的工作之外，擠出時間思考如何提升開發生產力，為團隊設定目標，激勵他們更快速地前進。

將程式碼合併到主幹的頻率

一個採用敏捷開發原則的團隊，很難不懂將工作分成小區塊的價值。你經常需要將這項技能傳授給剛從大學畢業的菜鳥工程師，不過，就連資深工程師也需要一些適時提醒。在此我不打算鼓吹特定的軟體開發原則，但我發現如果不編寫測試，工程師很難拆分他們的工作。讓他們學習以測試驅動的開發，即使工程師沒有每天使用測試，這麼做也能幫助他們提升拆分工作的能力。

我之所以提出這個，是因為身為新任工程經理的你，有時候很難開口告訴那些開發經驗和你不相上下或更資深的人去更新他們的開發風格，這種對話很可能令人不自在。逃避衝突是人之常情，要求人們改變行為風格尤其困難。如果你的公司期待快速的產品開發流程，那些想消失幾個星期獨自編寫程式碼而不願意推送到共用版本控制系統的工程師，會破壞整體團隊進度，引發問題。因為你管理的不是一個專注研究的團隊（如果是，那就跳過這一節吧！），就算還是半成品（work-in-progress），要求回報工作進度也是合理的。

事故發生頻率

團隊正在生產的軟體穩定性好嗎？品質提升了、變差了，還是沒有變化？決定產品開發所需的軟體品質水準高低，並隨著時間推移進行調整，這件事對身為經理的你來說，是必須協助解決的技術挑戰。假如你正為某個規模尚小但正在成長中的業務開發一個全新的產品，此時的重點應該是注重功能而不是穩定性。另一方面，如果你負責的是對業務無比關鍵的系統，此時你應該重視系統穩定性，以及將事故最小化，此時的目標在於風險管理，讓開發人員不需要為了降低事故頻率和事故防範而得一口氣寫好幾天程式碼。

也許你所在的公司，開發人員會為他們開發的程式碼和系統進行維護。維持系統穩定性這件事有些缺點，特別是，預期團隊成員

在晚上和週末值班待命是導致團隊過勞的一大因素。儘管存在這種風險，但這項任務的積極意義在於，讓最適合的人來解決問題，對問題作出回應。身為經理的你，現在大概很想擺脫這個值班待命的角色。我深有同感，但如果你的團隊被要求負責事故管理，你應該扮演的角色是「升級支援」（escalation support）。你不盡然會經常管理事件，但當事故發生時，系統支援人員要能順利向你請求幫助。

針對事故管理的分析應該包括這樣的問題：「目前的系統是否能讓團隊發揮最佳生產力？」當事件管理淪落為對事件作出被動反應，而不是致力於減少事故時，事件管理可能會變成一項削弱團隊生產力的苦差事。工程師值班待命，因為處理大量問題而筋疲力盡，除了為事故善後以外什麼也沒做，然後等著抓交替，將這苦差事交給下一個可憐鬼。如果這描述了你的團隊在事件管理和值班待命的現狀，他們無法發揮所長，每一次值班都只會讓他們更討厭這工作。在這種情況下，身為領導者，你應該致力為團隊提供時間，讓他們實際去設計更加穩定的系統，或者編寫程式碼，修復那些經常反覆出現的事故。

過分強調事件防範也可能減弱團隊每天的生產力。過度專注於打造完美無瑕的系統，或者為了防範錯誤而減慢開發流程，這和為了追求速度而發布不穩定的程式碼一樣糟糕。當風險控制演變成動輒數週的手動 QA、緩慢且過多的程式碼審查、不頻繁的發布或冗長的規劃流程，徒增的分析工作反而會讓開發人員無所適從，不盡然能降低事故發生風險。

好主管、壞主管：我們 vs 他們、團隊合作精神

黛安娜剛剛加入一家中等規模的新創公司，管理一個長期受到忽視的行動應用團隊。被告知團隊一團糟之後，她的第一步是迅速招來一群新人，這些人曾在 BigCo 為她工作。他們不太符合這家新創的組織文化，團隊裡的開發人員很快形成小團體，

分成不同派系，都認為自己比其他人更優秀。雖然技術有所改善，他們似乎與產品團隊產生不少衝突，最終，行動應用 *app* 的開發進展實在不盡人意。一年之後，黛安娜終於受不了，憤而辭職。跟隨她而來的那群人紛紛效仿走人，這家公司又回到了原點。

新經理的艱鉅挑戰之一是建立團隊認同感。許多人預設團隊的認同感建立在工作職能或技術細節之上。他們將團隊與其他人相比較，強調團隊的與眾不同，追求團結。假如太過火，這種認同感讓團隊覺得自己高人一等，比公司其他人更優越，團隊更看重自己的優越地位，而不是公司整體的目標。這種團隊認同感其實是淺連結（shallow binding），容易為團隊帶來許多障礙：

- **萬一失去領袖，容易變成一盤散沙**：團隊中的小團體一旦失去領袖，往往分崩離析。當你雇用的經理建立了個人派系，在這位經理離職後，這個小團體很有可能解散，人們紛紛離開。這個問題的難點在於經理創造了一個自己的小團體，因此，處理不同小團體之間的關係會變得更棘手。

- **抵制來自外部的點子**：小團體裡的人傾向於抵制外來想法。這意味著他們錯失了學習和成長的機會。缺乏成長性往往導致團隊中最優秀的成員離開團隊，甚至另尋下家。因為他們認為自己已經在最好的團隊了，卻仍感到無聊，因此不認為換到同公司另一個團隊就能獲得成長。

- **建造帝國**：傾向採用「我們 vs 他們」風格的領導者，往往是帝國的建設者，他們想方設法發展自己的團隊和志業，而不考慮哪些任務對整個組織來說最有利。這通常會導致他們和其他經理針對僱用人數和專案控制權針鋒相對。

- **毫無靈活性**：這些團體傾向於對抗外在的變動。組織重組、專案撤銷或重心轉向，都可能破壞他們的集體認同感。無論是從純開發團隊轉型成跨部門團隊、推遲 iPad 應用，或者是優先開發某個新產品，這些變動都可能破壞團隊與公司之間脆弱的連結。

身為經理的你必須留心，不要只將所有注意力放在團隊上，而忽略了更廣泛的群體。就算你就是被雇來修復某個團隊，也要記住，公司之所以能走到這一步，正是因為具備了一些基本的優勢。在你試圖改變一切以便符合你的願景之前，先花點時間瞭解公司的優勢和文化，思考你該如何建立一個符合組織文化的團隊，而不是選擇與之對抗。這裡的訣竅在於，不要拘泥於錯處和缺陷，而是辨識現有的優勢並加以培養。

尼爾也加入了一家處於混亂的新創公司，雖然他看出團隊需要改變，但尼爾選擇謹慎地解雇員工，並花時間確保新員工的選才過程透過在公司工作了一段時間的人來審查。他投入大量時間和產品部的同仁密切合作，提議一個強調跨部門合作的前進選項。他專注於設定明確的目標，並和團隊好好溝通。進展雖然不快，但隨著時間的推移，整個組織變得更強大了，技術和產品都得到了顯著的改善。

為了公司的共同理念而努力，認同公司的價值觀，是讓團隊長久走下去的基礎（請參考第 9 章 224 頁的「應用核心價值」）。成員清楚明白公司使命所在，他們也知道團隊如何參與其中。他們知道為了完成使命，公司需要多樣化的團隊，但所有團隊都認同一套共同的價值觀。團隊、成員和整個公司之間建立了強大而持久的契合性，這種以理念驅動的團隊認同感能夠：

- **人事異動不至於造成毀滅性傷害**：雖然小團體的基礎薄弱，尤其是在失去領袖的情況下，但以理念驅動的團隊，更容易從人員流動的影響中恢復動力，具有復原力。因為他們更忠於大方向的組織使命，即使發生人事異動，他們也能夠看見通往成功的那條路。

- **努力尋找更好的方法實現理念**：以理念驅動的團隊以透明開放的態度看待那些能夠更貼近理念的新想法和價值。他們不會對想法從何而來緊咬不放，而是更關心這個想法是否能夠真的實現理念。這些團隊的成員願意向部門以外的

其他人學習，他們積極尋覓機會，進行更多元廣泛的合作，打造最佳成果。

- **專注於首要團隊**：擁有良好團隊精神的領導者深刻知道，向他們回報的下屬不是第一線團隊。相反，他們的首要團隊是遍及公司的管理同仁。在關注團隊需求之前，這種對於首要團隊的專注，能夠幫助他們做出顧全公司整體需求的決策。

- **接受符合使命的變動**：善於協作的領導者明白，為了達成更廣泛的目標，變動在所難免。團隊結構可能發生變化，人們會轉移到業務需求所在。這樣的認知讓領導者創造更靈活的團隊，清楚知道這些頻繁的變化都是為了實現公司願景。

你可能需要花點時間掌握團隊使命和公司使命。尤其是在新創公司中，人們經常會對當下目標感到困惑，有時甚至會對更高層次的企業使命感到疑惑。如果目標模糊不清，任務不清不楚，請盡你所能理解公司文化，並思考如何在這樣的文化中建立良好運作的團隊。透過跨團隊和跨部門的合作，你的團隊將更能領略大方向的企業願景，對工作產生認同感，相信他們能夠幫助企業達成使命。

懶惰與急躁的優點

Larry Wall 在 Programming Perl[3] 一書說過「懶惰、急躁和傲慢」是工程師的美德，對此我深有同感。這些美德會延續到你的領導力實踐，我誠心鼓勵所有經理學習如何將這些美德轉化成優勢。

3　Tom Christiansen, brian d foy, Larry Wall, and Jon Orwant, Programming Perl, 4th edition (Sebastopol, CA: O'Reilly, 2012).

身為一位經理，在你一對一與人打交道時，當然不能顯得急躁、對人不耐煩。假如這種不耐煩是針對個人的，這樣的急躁既傷人又不禮貌。你也不想顯得懶惰，假如你忙翻天而經理卻無事一身輕，沒有什麼為這種經理賣命還更悲慘了。不過，當你把急躁和懶惰用在流程和決策這些層面上，這可就是天大的好事了。應用到工作流程時，懶惰和急躁是讓人保持專注的關鍵要素。

隨著你坐上更高的領導位子，人們會向你尋求行為上的指導。你需要教會他們保持專注。為此，我鼓勵你現在開始練習：弄懂哪些是重要的，然後下班回家。

我真的受不了人們浪費精力，選擇以暴力解決問題，卻不願意花時間好好思考。然而，任何鼓勵你超時工作的文化幾乎都選擇蠻幹硬上的暴力決。假如自動化不能增加工作的價值，那要它何用？我們工程師之所以實現自動化，是為了專注於更有趣的工作，就是那些要你好好動腦的工作，而這通常不是你可以日復一日做好幾個小時的工作。

所以儘快搞懂哪些事情才是最重要的，這時候你可以心急一些，焦躁一些。身為領導者，每當你看到某些工作的效率低落，你可以問：為什麼這效率這麼低？我們正在做的工作有什麼價值？我們可以更快地實現價值嗎？我們能把這個專案拆分成更簡單的東西，然後更有效率地完成嗎？

這種提問方式的問題在於，當經理們問某件事能否更快完成時，他們明裡暗裡想知道的不過是，團隊是否可以更努力地工作或加班，在更短的期限裡完成任務。這就是為什麼我努力鼓勵你秀出「懶惰」的一面。因為「更快」的意思不是「更少的小時數」，而是「更少的總天數」。「更快」是指「在更少的總時數內為公司創造相同的價值」。如果團隊一週工作 60 小時來交付一週半才能搞定的任務，他們並不是「更快」地完成任務了，而是把自己的私人時間送給公司了。

這就是我說的第二件事「下班回家」。回家吧！停止在晚上或週末傳 email 要求別人辦事！相信我，強制自己對工作「斷電」是為了你的心理健康著想。在美國職場中，工作過勞是個大問題，幾乎我認識的所有人在某種程度上都有過工作過勞的經驗。這對個人健康很糟糕，也會對他們的家庭造成傷害，對於團隊也有害。但這不僅僅是為了防止你自己工作過勞，也是為了防止團隊精疲力竭，過度工作。當你工作得比其他人還要晚，當你隨時隨地都在傳 email，即使你不指望團隊會回覆，但他們會將你的行為舉止看在眼裡，並且認為回覆這些郵件很重要。過度工作會降低團隊工作效率，尤其是在涉及詳細的知識工作的時候，工程師們的效率更容易打折扣。

如果你是一位剛剛上任的經理，還沒有掌握高效工作的竅門，你可能發現自己需要花更多時間完成工作。暫時這樣子無妨，但我想鼓勵你想些辦法，盡量不要讓團隊陷入過度工作的風氣，或者讓他們覺得有義務按照你的時間表工作。將週末或夜晚累積的 email 留到下一個工作天再處理。在下班時間將上線狀態設為「離開」。適度休假，不要在休假期間回覆郵件。不斷地問自己那些請團隊回答的問題：我能更快完成嗎？我真的需要做這些嗎？我為這項工作提供了什麼價值？

謹記「懶惰和急躁」的關鍵。保持專注，好讓我們準時下班，並且鼓勵大家準時回家，因為這又能讓我們持續保持專注。這就是優秀的團隊成功擴張規模的竅門。

評估你的個人經驗

* 最後一次回顧你的行程表是什麼時候？你有沒有發現一些正在執行卻沒有為個人或團隊提供價值的工作嗎？回顧過去幾週的行事曆。看看接下來幾週的行程表。你完成了什麼？你希望達成哪些事情？

- 如果你還在編寫程式碼，這項工作和你的行程有衝突嗎？你下班之後才有空寫嗎？讓你持續寫程式碼的動力是什麼？

- 你最近一次授權給團隊成員的任務是什麼？簡單嗎？複雜嗎？你授權的這個人處理起這個新任務的狀況還好嗎？

- 誰是團隊中的明日之星？你準備如何指導他們擔任更重要的領導力角色呢？你準備給他們哪些任務，承擔更多責任？

- 在你的團隊中，程式碼的編寫、發布和維護等流程運作順利嗎？上一次發生問題是什麼時候？發生了些什麼？當時團隊如何應對？在軟體開發流程中經常發生問題嗎？

- 上一次敦促團隊縮減專案範圍是什麼時候？你選擇砍掉功能、捨棄程式碼品質，還是犧牲兩者？你是怎麼下決定的？

- 上一次在晚上八點或週末發送電子郵件是什麼時候？收件人回覆你了嗎？你有要求他們做出回應嗎？

7

管理經理

管理一群經理，在本質上和管理多團隊的沒有太大差異。你同樣負責領導幾個團隊，監督這些團隊順利運作，幫助他們設定目標。主要差別在於管理的「數量」（magnitude）發生變化。麾下團隊更加擴大，專案和人員已經超出你能夠親自管理的程度。現在的你不再是管理幾個密切相關的團隊，而是管理涉及更大組織範圍的工作。你也許開始管理那些過去不曾待過的部門，也不見得完全理解這些部門涉及的專業知識——舉例來說，某位軟體開發部的工程經理，現在也管理著營運部的團隊。

雖然管理多團隊已經令人精疲力竭，甚至望而卻步，但到了管理經理人員這一階段，更是一個全新境界，複雜程度有過之而無不及。以下是我曾經傳給領導力教練的一封 email：

> 請和我分享如何管理經理人。我該如何避免這項工作佔掉所有時間？我應該實現哪些流程才能從這些人那兒獲得適當的溝通，讓我自己有餘力擴展？該如何解決那些我不在場，只能聆聽「不可靠的證人」片面說法的問題？我將所有時間都花在處理低兩個職級的人事問題，這真的令人精疲力盡。

現在，由於你不再定期與團隊裡每一位開發人員打交道，你和他們之間多隔了一個職級，不再能清楚掌握事件經過，也經常遺漏細節。比起過去，現在的你更難快速找出解決對策。

對你的職涯成長來說，這個階段是個巨大挑戰。這時的你會被各種聲音拉向四面八方，此時的重點在於，該如何明智地運用有限的時間，最大化你對團隊的影響力。

為此，你必須投入一場練習，不斷磨練敏銳的直覺，快速分辨事物的重要性。那些直覺告訴你並非要務的事情，你需要追蹤事件後續發展，看看它們的重要性是否確實應證了你的直覺。

拿團隊管理當例子，現在，你手下某個團隊負責的工作超出了你的技能組合。你可能很想放手不管，只在團隊遇到問題時介入。不過，第一次擔任「經理的經理」的你，可能很難在事態釀大之前就發現問題。你還沒有培養好敏銳的直覺，知道何時該深入瞭解狀況，所以你需要更頻繁地練習觀察事態，即便事情看似進展順利。

當你爬到這一職級時，對於自己的長處與短處，你會獲得全新的認識。擅長管理單個團隊，甚至好幾個相關團隊人，當他們被要求管理一群經理，或是超出技能範圍的團隊時，經常無法交出令人滿意的成果。他們無法平衡這個新職位角色的模糊性，更傾向去做他們認為容易的事情。有時候是這些人重新投入大量時間扮演個人貢獻者，或者，有些人重拾專案經理的角色，而不是訓練麾下的經理，讓他們做好分內工作。

雖然有些人憑著好運氣和一些技能，不怎麼費力就能得到這個位子。不過，比起直接管理團隊，這時管理的境界已然升級，需要截然不同的紀律。這令人不自在，但是，你需要正視這種不自在的感覺。此時，你需要跟進所有小事情，直到你搞清楚哪些事情不需要你的關心。團隊有招新人嗎？你的經理為團隊提供指導嗎？每個人都寫好本季度的目標了嗎？你都看完了嗎？那個理應完成的專案狀態如何？關於前幾天的生產環境事故，事後檢驗會議開了嗎？你讀完報告了嗎？

人們很容易誤以為「經理的經理」和前幾個職級的差異只是工作範圍變大了。這個職位是邁向更高管理層的第一道門檻，是成為高階管理人員的第一道門票，為此你需要學習大量的新技能。

本章將討論有效監督整個部門的關鍵要點，其中包括：

- 如何從跨層級下屬獲得資訊

- 讓經理「當責」的意義

- 管理菜鳥和老鳥經理

- 招募新經理

- 找出組織失能的原因

- 培養團隊的技術策略

請教 CTO：開門政策的謬誤

我對團隊採用開門政策（open-door policy），如果他們有任何問題，都可以隨時向我反映。我甚至安排了特約時段！然而從來沒人來找過我。我不斷地發現問題，卻沒有人向我提起。為什麼我的團隊不幫幫我呢？

經理們必須將「主動發現問題」這件事牢記於心。人們經常有種理所當然的想法，只要空出時間，讓人找得到你，團隊隨時都能找你溝通，人們自然而然會帶著問題來找你。你不需要親自去找他們，因為你的團隊非常信任你，當事情出錯時，自然會來向你求助。

遺憾的是，這種情況基本上不存在。開門政策在理論上立意良好，但真的實施起來，需要一位極其勇敢的工程師甘願冒著風險去找他的老闆（或是老闆的老闆）溝通問題。這位工程師甚至要清楚明白問題在哪，還要能解釋前因後果！即使是你親自建立的團隊，成員互信互重，然而，有些問題永遠不會升級到你那裡。其中一些問題會導致人們

離職、專案延誤，接連失敗。假如你沒留心，下一秒，這個看似運作良好的團隊就分崩離析了。

隨著你離團隊越來越遠，依賴開門政策的風險會隨之增加。最終，只依賴特定溝通時段而不願意和團隊直接一對一會議，將釀成那些最經典、最愚蠢的管理失職行為，納悶為什麼這麼優秀的管理人員無法留住優秀的人才，為什麼無法完成任務。有些人很擅長「向上管理」，對問題隱而不報，如果你不花時間去好好觀察，你將永遠無法發現問題根源。

當你的工作是管理經理的時候，評估這些經理績效的標準是他們手下團隊的工作表現好壞。如果團隊表現欠佳，那該怎麼辦才好？

預測問題是你的職責，假如團隊分崩離析、人員大量出走，或者未能按時交付關鍵專案，而你卻被蒙在鼓裡，你這位身居高位的經理人只會更感到措手不及。這些問題存在的時間越長，修復成本就越高，況且這些問題也不可能自動跑到你面前。

因此，你的工作是確保一對一會議中讓人們有機會進行真正的對話，而不光只是討論腳本細節或一系列待辦事項。除此之外，你還必須主動抽出時間舉辦跨層級會議，和你的下屬的下屬進行互動。

跨層級會議

想要成功管理那些並非直接下屬的員工，舉辦跨層級會議（skip-level meeting）是一大關鍵。然而，許多人忽視或低估了這種會議的價值。我懂，我也是過來人。沒有人想在每日行程中增加更多的會議，特別是那些沒有固定議程的會議。然而，如果你想建立一個強大的管理團隊，你不免要多多瞭解那些向經理們回報工作的下屬，和他們保持交流。

什麼是跨層級會議？簡單來說，就是和「下屬的下屬」開會。這種會議的形式有無數種做法，目的都是為了幫助你掌握團隊是否健康運作，以及他們的關注焦點。無倫你選擇以什麼樣的形式溝通，請將這個目的牢記於心。

跨層級溝通的形式之一是舉行簡短的一對一會議，每季度一次，由部門／組織負責人和組織內每位成員一對一對話。這種做法有幾個好處。這樣的溝通幫助你和組織中每個人建立個人聯繫，讓你將他們當作有血有肉的人而不是隨意取用的資源，這種把人當作工具的想法在管理大型組織時經常很危險。這樣的會議也給了這些下屬有機會進行提問，問那些他們不認為需要特意安排額外會議的問題。想讓會議更成功，你可以在事前提供聊天主題或提問方向，並提醒對方這個會議初衷是為了他們好。每個人都應該準備好腹稿，和你談談那些他／她想聊的話題。

可以提供給下屬的話題或提問方向包括：

- 在目前的專案工作中，你最喜歡／最討厭的地方是？

- 團隊中有誰最近表現非常出色？

- 你對你的主管有什麼意見回饋？哪些地方做得好？哪些地方可以改善？

- 在你看來，我們可以對產品做出哪些改變？

- 在你看來，我們可能錯過哪些機會嗎？

- 在你看來，組織整體表現如何？哪些地方能做的更好？哪些地方需要付出更多心力？哪些地方不需要費心關注？

- 關於公司的業務策略，你有沒有不瞭解的地方？

- 有沒有什麼事情阻礙了你發揮最大生產力？

- 你在公司過得開心嗎？有沒有不順心的地方？

- 我們能做些什麼讓工作變得更有趣？

隨著組織越來越大，與所有成員進行一對一會議將變得不切實際。例如，一個季度有 60 個工作天，而組織裡共有 60 位成員，這表示你每一天都要和一位成員進行一對一會議，等同於連續 12 週，每週進行 5 次一對一會議。當組織規模越來越大，一對一會議的次數就變得更多，到了某個程度，這些會議將不再有其意義。打個比方，假設你一週工作 40 小時，現在組織有 1000 名成員，那麼你光是參加一對一會議就忙不過來了。不過，假設你的組織規模比較小，每一季都安排一些時間與個別成員溝通，確實有些好處。

假設你管理著規模較大的組織，或者不想在個人行事曆中增加更多非結構化的一對一會議，你可以採取其他跨層級溝通策略。我過去經常邀請整個團隊一起吃午餐，我來為午餐買單，然後大家一起聊聊工作近況。我試著每一季度都約每個團隊吃飯。這揉合了一些一對一會議的優點，讓你和團隊成員彼此更加熟悉。雖然不能讓你為個別成員提供職涯指導，但請團隊吃飯的作法，幫助你掌握團隊動向，並直接從他們那兒獲得回饋。當然，人們在團隊群體中的行為，和單獨參加一對一會議上的表現不盡相同，當你是團體中的「大老闆」時，即便主管不在現場，他們也不太可能開口談論和主管之間的問題。以我的經驗來說，在午間餐會我大多是在回答關於技術的問題，但我可以從中感覺到團隊的焦點所在，我還可以回答一些關於公司經營策略的提問、其他領域正在努力的工作內容，或者是近期可能開展的專案項目，幫助人們暸解更多細節。

在一群人的情況中，你可以利用這些問題吸收資訊：

- 身為你經理的經理，我能為你或你的團隊做些什麼？有什麼需要我幫忙的嗎？
- 在你看來，你們團隊和其他團隊合作良好嗎？
- 有沒有涉及更大組織範圍的問題想要問我？

對我來說，跨層級的午餐聚會讓我們認識彼此，讓人們更願意主動（或被我邀請）來我的辦公室，一對一討論更敏感的話題。

除了維繫信任和參與度，這種跨層級溝通的目標是幫助你探查哪些不利於團隊發展的地方被「向上管理」了。假如經理太善於「向上管理」，你將很難發現隱藏於話術之中的潛在問題，也很難做出回應。這些經理先找上你，所以在客觀看待問題前，你容易被他們的觀點所影響，認為他們說的對，並支持他們的決定。跨層級溝通是聽到故事另一面的機會，向那些親身經歷的人們核實。

在這個位子上，你必須不斷地進行取捨。應該選擇投入大量時間與精力召開一對一會議，獲取最全面的資訊，還是選擇更有效率的跨層級溝通，雖然無法獲得所有細節，但更節省你的時間。你很難完美掌握其中尺度。依舊會出現你太晚才知道專案進度陷入困境，或是經理沒做好管理責任，讓團隊失望了，或是某個團隊成員為其他人帶來困擾等情況。花些時間學習如何維繫這些間接的上下級關係吧！

不要小覷這個溝通流程，即便你和這些下屬的下屬很熟悉。就算你曾經直接領導過團隊，也不能保證你就能和他們維持密切關係。和人們建立個人交情，並擁有大量共事經驗後，經理們經常誤以為他們不需要額外付出努力就能和原團隊保持緊密互動。我也是過來人，也曾經犯下這種錯誤。這種管理哲學短時間內也許會奏效，但隨著團隊逐漸發生變動，這種關係也會跟著改變。即使團隊都是原班人馬，他們也不可能總是找你談論他們和主管之間的問題。至於箇中原因，請參考第 143 頁的「請教 CTO：開門政策的謬誤」一節。

經理問責制

無論你麾下的是經驗老道的中階經理,還是第一次接下管理職的菜鳥主管,這些經理都擁有一致的目標:他們應該讓你的生活更輕鬆。你的下屬應該為你分憂,讓你將注意力放在大局上,而不是對任何團隊的細節緊抓不放。這就是他們升上經理職的原因。他們不僅僅是從你手中拿走一對一會議的人,他們各自負責領導一個團隊,幫助團隊成功。當他們一再無法達成目標的話,這表示他們沒有盡到管理責任。

嗯,一切聽來合情合理,除了一件小事之外:有時候,經理讓你的生活更加輕鬆的方式是對問題隱而不報,只說些你想聽的東西。幾個月後,你發現事態嚴重,分崩離析,納悶你哪裡做錯了。因此,你不能指望經理們大顯神通,讓事態好轉——你必須讓他們擔起責任。位於中階管理層的你,掌握讓經理們擔責的技能是最重要的成長機會之一。

向經理問責,說起來容易,實際上很難,因為往往很難詳盡釐清團隊的責任歸屬。你的經理管 Tech Lead,讓他們對團隊的技術方向和成果負責。他們可能還和產品或業務經理合作,共同設定功能開發路徑圖。當然,團隊很難獨立運作,完全不受組織內其他團隊干擾。當所有責任被分派到不同的職位角色時,什麼時候該對經理問責呢?

在我的經驗中,這些情境既棘手又常見:

不穩定的產品路徑圖

　　團隊感覺效率不高、系統不穩定、大量人事異動,但產品團隊一直改變任務目標,強調所有任務都很緊迫。經理該為此負責嗎?

掉入無底洞的 *Tech Lead*

Tech Lead 有時掉入了未知的兔子洞，全心全意試著重新設計某個核心系統。設計文檔才剛起筆，工作堆積如山，但 Tech Lead 堅持認為這是一個不能心急求快的大問題。經理該為此負責嗎？

全日制救火模式

你手下一位經理帶領的團隊負責一堆陳舊系統，問題層出不窮，他們似乎把所有的時間花在救火上。他們還得支援使用這些系統的其他團隊，來自四面八方的請求，不斷分散團隊的注意力。團隊規劃了遷移這些老系統的路徑圖，但你很久沒有聽到這個計畫的任何進度，你明白團隊竭盡全力維持事態穩定，盡量應對源源不絕的支援請求。經理該為此負責嗎？

以上這些問題的答案都是肯定的「是」。是的，儘管情節不同，經理都需要承擔起帶領團隊走出困境、繼續向前的重責大任，因為經理要為團隊的健康和生產力負責。

當產品組織不斷改變目標，經理應該意識到這些變化對技術團隊帶來了什麼問題，向產品團隊解釋問題原委，重新聚焦在真正重要的事物。假如未果，他／她應該請求你的幫忙，盡快解決問題。

當 Tech Lead 掉入無底洞，經理必須將他／她從洞裡救出來，一起找出讓設計過程更加公開透明的方法，必要時可以從其他團隊引入其他資深人員充當導師或合作者，協助他／她解構問題，向前推進工作。

當開發路徑圖因為其他問題而停滯不前，經理有責任向你反映。如果團隊除了滅火之外什麼也做不了，經理應該制定一個解決火災原因的計畫，如有必要，爭取招攬更多的人或為團隊增加

人手，讓他們盡快控制局面。當團隊要應付過多的外部支援請求時，經理要負責分流這些負荷，確認是不是該擋掉一些請求，或者搞清楚團隊是否需要更多人員來應對巨大的工作量。

在大多數情況下，你需要挺身而出，幫助經理走出管理困境。有時，他們沒有足夠的底氣與產品團隊斡旋，他們需要你的支持。你可能要幫忙尋找其他經驗老道的人員來協助這些經理手下的 Tech Lead。你大概要批准所有增加幫手來救火的請求，或者支持他們將系統維護重擔轉移給其他團隊。經理們已經做完艱苦的工作，辨識出讓他們的團隊工作效率欠佳的問題，接下來，你需要協助他們找到解決方案，為後續要採取的工作提供支持。這就是所謂的「讓你的工作更輕鬆」的意義，經理們不應該隱匿事態，對問題知而不報，而是在問題演變成熊熊烈火之前，明確回報問題出自何處。

和個人貢獻者一樣，經理們也需要工作上的指導，為他們指明方向。別忘記要花時間和經理相處，瞭解他們的為人與做事風格，關注他們的優勢和應該提升的地方。在你們的一對一會議中一定會討論無數的工作安排和規劃，不過，也要記得騰出時間向他們提供回饋和指導。這些經理對於你管轄的組織成敗有著最大的影響力，反過來說，萬一他們表現欠佳或不如預期，對你來說可不是光彩的事情，所以，積極協助他們的管理工作吧！

好主管、壞主管：濫好人

馬庫斯是所有人的好朋友，他有一群忠心耿耿的員工，他們認為馬庫斯是全世界最好的經理。從直接下屬到剛進公司的菜鳥工程師，他把大多數時間花在和他們進行一對一會議。所有人都認同，馬庫斯為任何有需求的人空出自己的時間聽他們說話。你反映的任何問題，他都承諾會改正。自從他接管了組織之後，你感覺自己的顧慮和煩惱都被聽見了，然而，他似乎從來沒有抽出時間解決這些問題。你投訴過的同事還是順利升職

了。產品團隊還在繞圈子。任務目標聽起來不合邏輯,也不切實際。但是馬庫斯真的太忙了,你不能怪他,畢竟他要面對的問題實在太多了。

瑪莉亞的人緣沒這麼好。如果你提出要求,她會騰出時間,但除非你是她的直接下屬,否則你很難接近她。她有時候蠻唐突的,似乎對辦公室八卦沒有太多耐心,不喜歡浪費時間。自從她接管了這個部門後,事情發生轉變。路徑圖上的目標更少了,這些目標全都合乎邏輯。性格難相處的同事似乎得到了回饋建議,開始聆聽人們的想法。會議效率更好了,團隊多年來第一次在會議集中精神。問題並沒完全消失,但現在它們似乎不那麼嚴重了,因為團隊真的開始交付工作成果。而且最神奇的是,她好像每天都能準時下班!

馬庫斯是個濫好人。他非常討厭讓他在意的人感到不快。因此,假如你被劃分在他的保護範圍內,無論你向他要求些什麼,他永遠會一口答應,即使他忙不過來。為了討好所有人,讓每個人都開心,濫好人經常會耗盡自己的精力。

假如你的下屬具有濫好人特質,他們可能:

- 她的團隊認為她人很好相處,但對於身為經理的她越來越失望,因為她對團隊隱瞞問題,試圖將他們和外在環境隔絕開來。

- 他喜歡讓團隊避免失誤,保守行事,而不是激勵團隊接受挑戰,變得更加優秀。

- 當她感覺不好時,總是將情緒掛在臉上,讓團隊失去信心。

- 他從來不會推諉工作,但未完成的任務堆積如山,未能準時交付工作時總有藉口。

- 她承諾得太多,完成得太少,似乎永遠學不會教訓,不應該許下過多的承諾。

- 他對所有人都說「好」，經常自相矛盾，向團隊和外部合作夥伴傳達不一致的訊息，造成一片混亂。

- 她似乎清楚明白目前遇到的所有困境，卻沒有挺身解決任何一個問題。

這麼多年來，在職場上我見識過各種版本的濫好人。其中一種是像馬庫斯這樣的「團隊濫好人」。人們很難不喜歡他，因為他花很多時間和人們在一起。他想知道你的情緒變化，想讓你開心，願意傾聽你的任何困擾，好讓他幫忙改正問題。他不見得偏愛任何人，但那些願意向他傾吐心聲的人最終獲得了大部分關注。這種好比心靈諮商師的濫好人，讓團隊對他死心塌地，因為他願意傾聽你的不滿，他真誠地關心你的情緒好壞。遺憾的是，他可能放大了職場的戲劇性和消極性，向團隊做出他無法兌現的承諾，最終讓他們感到失望。

另一種是「討好外界的濫好人」。她非常想讓老闆和外部合作夥伴感到開心，害怕暴露自己團隊的問題。因此，這種人會投注大量精力在「向上管理」和「向外管理」，而且非常容易為團隊做出過多承諾。儘管想討好別人，她不怎麼表揚或提供回饋給自己的團隊成員。這聽起來有些弔詭，但這類濫好人非常不擅長和人討論嚴肅的話題，極力避免談論團隊中的重大問題，這變相地讓她拒絕認可人們優秀的工作表現。她永遠不會自發地向經理報告問題，只會欣然同意任何專案要求。

在這兩種情況下，濫好人很難說「不」，他們向團隊和外部合作夥伴傳達自相矛盾的訊息。這位濫好人經理可能會堅持處理團隊面臨的所有問題，假如遇到了因產品缺陷而引發的資料問題，他會要求人們解決所有繁瑣的資料異常。因為這位經理顧此失彼，沒有搞懂真正問題其實在於產品缺陷，導致解決問題的效率欠佳。此外，團隊對客戶遇到的問題並不了解，缺乏透明度，因此他們不知道應該優先處理哪些問題。濫好人為了避免團隊做不

愉快的工作，反而讓工作量一再堆積，減損了團隊解決問題的能力。

對於主管來說，在意外界看法的濫好人下屬，可能造成巨大的盲點，因為這些濫好人只願意談論好事，一口答應任何要求，他們的主管經常對團隊或專案的問題一無所知，直到為時已晚。這些人非常擅長分散你對問題的注意力。他們有很多藉口。他們保證下次會做得更好。當你提供改正意見，他們甚至會真的深感懊悔，但他們卻很難做出讓別人不好受的決定。你可能非常喜歡這些下屬，畢竟他們人真的很不錯！

你可能會以為這種濫好人主管建立了一個令成員感到安全、願意示弱的團隊環境，但事實恰恰相反。因為經理自身對失敗和被拒絕的恐懼，讓團隊很難以健康的方式犯錯或失敗。注重外界觀感的濫好人，透過逃避和操弄別人對他的「好人」印象，破壞了坦誠對話的可能。另一方面，團隊濫好人以過多不切實際的承諾，讓團隊遭遇失敗，後果往往是讓團隊因為辜負了這些過度膨脹的期望而對經理或公司感到痛苦。

如何管理濫好人下屬？請幫助這個人學會說「不」，建立決策機制，避免他將決策失誤當作個人問題。為他找來幫手，協助確認工作路徑圖的規劃。有時候，在敏捷開發原則的工作框架下，濫好人主管也能適得其所，因為團隊自身擁有安排任務、規劃工作的所有權。請建立更好的工作規劃流程，不要讓決策完全取決於經理的個人判斷。不論是升職資格條件或爭取其他機會，設計一個客觀機制向團隊做出承諾。比方說，當員工升職不僅僅牽涉到經理的主觀判斷時，濫好人主管可以向人們點明升職流程需要考慮其他外部因素，而這些因素超出他的控制範圍。

當你管理著習慣討好他人的下屬時，最好的管理心法是，告訴這個人他做出了哪些行為，強調這些行為的缺點。有時，這個人只要「意識」到他的行為慣性對團隊造成問題，就能做出改變。記

住，這種行為大多源自對方個性中「無私」和「關心他人」等特質，即使你想糾正那些不健康的行為，也要尊重這些價值觀。這些濫好人，說到底，其實只是想讓人感到快樂。

管理菜鳥經理

工程師踏上浩瀚管理之路，職涯規劃產生巨大變化，第一次接下主管職的人需要大量的指導不足為奇。也許你還記得第一次管理團隊的感覺，對於那些你不懂的東西，確實「不知為不知」。如果你遇過好主管，你大概有樣學樣，模仿這位好主管的行為。也許你接受了一些培訓，或者讀過幾本類似本書的管理著作。但更有可能的是，你像是摸著石頭過河，必須以身試水，親自摸索前進。除非，你遇到一位超棒的主管，從旁指導你學習管理訣竅。

花時間在菜鳥經理身上非常重要，這個必要的前期時間成本，將為組織帶來長遠的紅利。這位菜鳥經理知道怎麼和人打交道，你下意識認定她自然能勝任這份管理工作。這位菜鳥經理也是深以為然！然而，你也知道，要成為一名優秀的經理，需要學習許多新技能，即使是深諳人際互動的人也需要接受一番訓練。

當你僱用或提拔了一名新經理，你大概無比希望她能完全管理自己的團隊，好讓你不必操心。遺憾的是，這位菜鳥經理可能連最基本的東西都不懂。比方說，一對一會議。第一次主持這種會議可能令人卻步。該聊什麼？要怎麼給回饋？要怎麼紀錄和追蹤會議重點？沒有哪本書或培訓課程能夠代替你的存在，請花些時間關心她和下屬的一對一會議進展如何，觀察哪些問題或挑戰需要你協助解決。有時，你可能還要提醒他們舉行一對一會議！

面對一個全新且令人畏懼的工作，有些人選擇逃避。假如你的菜鳥經理未能善盡管理責任，錯過太多管理團隊理應注意的細節，她團隊的苦難就此開始，你的苦日子也來了。當人們因為主管未能提供職涯規劃建議或好好激勵他們而開始一個個離去，最終，

這演變成你的失職。請利用跨層級溝通的機會來觀察蛛絲馬跡，為你的菜鳥經理提供支持。不妨告訴她，為了更有效指導她，你會經常進行跨層級溝通。

過度工作是菜鳥新經理陷入困境的常見情況。菜鳥經理忙碌不已，大概是因為她沒有把舊職責移交給團隊其他成員，試著同時應付兩份工作。接下新的管理責任，讓自己忙碌起來是一回事，但忙到天天早出晚歸，整個週末都在發 email 又是另一回事了。我很驚訝，仍有許多人從未真正學會放手，他們只會不斷地拉長工作時間。請明確告訴她，你希望新經理移交舊工作，幫助她對舊工作放手。

菜鳥新經理過度工作，也是一種為團隊帶來危機的徵兆：菜鳥經理自認掌握控制權，成為團隊的老大，有權力做出所有決定。不過，萬事過猶不及，自認為成為經理是擁有權威地位而興致勃勃地接下管理任務，反而比未能善盡管理責任的人更糟糕。耽溺於權力關係的經理傾向於支配團隊，你可以邀請團隊的資深成員進行跨層級會議，以此協助你發現他們對於自己沒有工作自主權的沮喪。這和微觀管理不盡相同，但確實有些類似，這位菜鳥經理總是希望團隊每位成員都能詳盡報告工作。微觀管理型的主管要求不必要的枝微末節，容易惹惱她的團隊。控制狂主管則剝奪了團隊做出任何決定的能力，認為自己的工作就是將特定任務指派給人們。控制狂主管通常和產品團隊或其他技術團隊的平級同仁關係欠佳，因為他們經常拒絕合作，獨自做出決定。更糟的是，控制欲極強的人害怕被拿走控制權，因此經常想對他們的主管隱匿實情。如果菜鳥經理經常取消和你的一對一會議，或是對團隊近況避而不答，你很有可能遇到了控制狂下屬。

你正在培養的菜鳥新主管，最終應該讓你的工作變得更輕鬆，而不是只從你手中接下和員工開一對一會議的責任。她應該對團隊表現和交付成果負起責任，引導團隊成員專注目標和創造成果。有時候，菜鳥經理未能明白他們也該對團隊交付成果負責，誤以

為自己對具有挑戰性的產品路徑圖或目標愛莫能助。你的工作不是對菜鳥主管喋喋不休，再三提醒她承諾過什麼，或是手把手教她如何做團隊規劃。你的任務是在她熟習管理任務的過程中提供指導。明確告訴她你的期望，她必須為團隊成敗負責，並幫助她掌握相應技能。

菜鳥主管有些難應付，因為如果他們沒有學習的意願和成為優秀經理的資質，這些人容易釀成大麻煩。讓不適合的人坐上經理的位子是個錯誤，讓她繼續留在這位子上更是錯上加錯。我非常贊成讓有意走上管理路的工程師一步步嘗試指導和管理小團隊的作法，但這方法不盡然屢試不爽，也不見得總能解決團隊規模變大後伴隨而來的管理問題。舉例來說，控制狂主管在規模較小的管理情境中通常不會表現出明顯的控制行為，而是克制對於掌握全局的衝動，直到他們認為自己得到了真正的頭銜和權威。留心觀察你的菜鳥經理。在頭六個月裡，除了提供指導之外，你可能要針對他們的行為給出改正回饋。

除了給菜鳥主管必要的指導之外，我也建議他們尋求額外的訓練課程。如果你公司的 HR 部門有提供針對新手主管的培訓課程，不妨鼓勵你的菜鳥主管選修，並確保他們能騰出時間參加。你也可以尋找公司之外的培訓機會，比如以技術領導力為主題的研討會，或是由現任或前任工程經理主辦，與技術領導力相關的學程。菜鳥經理通常渴望學習如何做好管理，專業的培訓課程能夠幫他們快速進入狀況。

管理老鳥經理

接著，我們來討論如何管理富有經驗的技術管理者。這是截然不同的挑戰。老鳥經理的工作表現可能相當出色。深諳管理之道的經理，知道什麼時候該做什麼事，無需你的幫助就能完成任務。他知道如何帶好團隊，甚至有自己的獨門管理心法。一切毫無問題，對吧？

誠然，經驗老道的技術管理者也可能帶來不小的負面影響。所謂的「管理」，與一家公司的企業文化息息相關。我可以傳授各式各樣的最佳管理實踐，但如果你為公司招募的新經理或自己與組織文化格格不入，你就遇上麻煩了。許多年輕企業希望管理層由為公司工作很久並深刻了解公司 DNA 的人組成，這不是沒有道理，因為這些人深諳公司文化，知道企業重視哪些價值，他們也擁有內部的人脈網路，能夠有效地推動工作。

所以，你面臨的第一個挑戰是，確保這個人符合團隊文化。我們在招募人才時一再提起文化契合度非常重要，而主管們會建立各自風格的亞文化。你希望團隊合作良好，假如某位經理創造的次文化與企業文化背道而馳，那麼問題就來了。比方說，你雇用了一位經理，這個人對開發某個特定產品擁有專精知識，這剛好是你公司欠缺的技能。招募這個人能夠為企業導入知識和專家觀點。然而，我們經常過度重視招募人選對於產品領域的專業知識，而忽略了他／她是否能夠適應企業和團隊的工作文化和流程。一個深諳企業級倉儲軟體的人才，以資歷和經驗來看，他是在你的物流新創公司主掌倉儲技術的不二人選。然而，如果他傾向於每半年才發布一次軟體更新，只和不參與產品構思規劃流程的遠端開發團隊合作，那麼他不見得能在你的公司發揮所長，和採用敏捷開發的開發團隊朝夕相處。

如果你正在建立一個動態的、以產品為中心的工程團隊，這位技術管理者必須熟悉團隊頻繁發布軟體的工作節奏，對現代開發流程的最佳實踐瞭若指掌，能夠激勵那些充滿創造力，以產品為中心的工程師。這種經驗和技能比起特定領域的專業知識更加重要。比起從頭培訓一個不知道如何在你們的組織文化中高效工作的人，學習或累積特定產業知識這件事簡單多了。不要對文化契合度讓步，特別是在招募管理人員的時候。

富有經驗的老鳥經理對於管理的看法或風格可能與你不同，而你必須克服這些差異。克服差異的意思不是放任經理自行其是。假

如這人帶領技術團隊的經驗比你更豐富，你當然要向他／她討教請益，但也不要害怕提供你自己的意見回饋。在各自擅長的領域協力合作，允許他教你新的東西，並鼓勵這項行為。

老話一句，說到底還是文化問題。你有責任培養組織文化，特別是當你在這家公司服務已久的時候，你應該確保手下所有經理都尊重並協助培養那些你認為最能讓團隊成功的文化風氣。如果你希望團隊透明運作，那麼請確保經理確實分享資訊。如果你想鼓勵團隊探索未知，請確保經理安排時間和空間，讓團隊成員探索新想法。想一想你注重哪些組織文化，然後幫助經理體現這些價值，與此同時，請尊重每個團隊都有其獨特性，每位經理都有你需要特別留意的長處和短處。

如何激勵老鳥經理呢？有經驗的經理和菜鳥的差別在於，這些老鳥能夠獨立管理團隊。這表示，你提供給他們的指導內容不再是關於管理技巧的具體細節，而是鼓勵他／她思考如何針對組織策略和發展方向發揮更大的影響力。別忘了思考你可以授權哪些任務給他們，在規劃組織發展方向時，你應該將這些人視為重要顧問，邀請他們分享意見。雖然他們不太可能需要和菜鳥主管一樣接受管理培訓，老鳥經理更需要擴展在公司內部和外部的人脈網路，你可以為他們尋找結識新同仁的機會。

招募經理

組織陷入困境，正在苦苦掙扎。你已經多雇用了十位工程師，每個人的工作經驗不超過三年。儘管你為團隊用心良苦，卻沒有一位（多半符合資格的）工程師願意接下管理團隊的擔子。沒有人擁有足夠的管理經驗，他們必須接受大量訓練，方能堪堪完成管理任務。因此，埋頭於人事管理的你，認為招募新的經理來接管團隊的時候到了。不過，究竟該招募什麼樣的經理呢？

許多人非常抗拒從外部聘請管理人員，而且理由非常充分。我們幾乎很難斷定一位工程師是否能在團隊環境中寫出好的程式碼，而不讓團隊其他成員抓狂。程式碼編寫能力至少是一種能要求人們展示出來的技能。管理……呢？管理究竟是什麼？應該如何從面談中知道對方是否擅長管理？在招募管理人員的過程中，有什麼事情我們需要特別注意？

招募經理的流程涉及多個面向，實際上與完善的工程師招募流程非常相似。首先，確認這個人選具備你需要的技能。其次，確保這位候選人的管理風格與組織文化契合。

管理職和技術職面試的最大差異在於，理論上，應徵管理職的人們更能「展現演技」。我們洋洋灑灑討論了經理應該具備的技能，說到底就是「溝通能力」。在管理職面試中展現優異溝通能力，精通說話的藝術的人選，當然有很大機會通過層層關卡，進入組織卻無所作為。不過，在面試中展現出色程式設計能力的工程師，加入團隊後也可能無法交付任何成果。所以，請將「當這個人進來後，未來會發生什麼」的恐懼和「面試時評估適任與否的面向」切割開來，在面試中獲取有參考價值的訊息。那麼，你應該問什麼問題呢？從你期許這位經理候選人擁有的技能開始問吧！

先從一對一會議開始。一對一會議是經理辨識團隊健康狀態、蒐集和傳達資訊的重要手段。在面試過程中，你可以邀請經理候選人扮演經理的角色，評估他們在一對一會議的表現與言談。邀請那些可能成為新經理下屬的人們參與模擬一對一會議，向這位候選人提問，請他／她協助團隊目前或近期遇到的問題。這就好像問資深工程師如何找出（團隊近期解決的）問題癥結一樣，出色的經理─即便不完全瞭解問題的前後脈絡─也應該具備良好直覺，準確發問，並提出下一步可行作法來改善問題。你還可以更進一步，利用更棘手的模擬情境評估候選人，例如處理績效不佳的員工，或是傳達負面的績效評估結果。

你要評估的重點是，這位經理是否有能力找出令團隊窒礙難行的原因。請經理分享專案進度落後的應對經驗，或者請她模擬如何和考慮辭職的員工進行談話。請這位候選人分享他／她如何指導陷入困境的員工，以及如何幫助優秀的員工更加成長。

請他／她分享管理哲學。在他／她看來，經理的職責是什麼？他／她如何授權委任、如何維持對實際工作的敏銳瞭解？假如這人答不上來，這很有可能是個危險警訊。雖說經驗不多的菜鳥主管可能無法完美給出回答，如果這人管理經驗豐富，卻對這問題支支吾吾，缺乏清楚的管理理念，這人可能是個隱憂。

根據資歷深淺，你可以考慮邀請候選人對一群人發表簡報。這麼做的目的不是為了評判簡報內容優劣，而是觀察這人在公開場合的應對進退，看他如何指揮主導，如何回答一群人提出的問題，如何組織想法和觀點，以及面對觀眾的反應。這些是資深經理人應該具備的技能，如果他／她有所不足，你可能得再三考慮這人能否勝任。不過，提醒一下，不要將這個觀察結果當作唯一指標。在我看來，表達能力的確對於領導組織或團隊很有幫助，但你不能單憑一次簡報就判斷這人是否具備充分能力，退一步說，出色的講者也未必是優秀的經理。許多出色的經理在陌生的觀眾面前不見得能自在表達。

那麼，技術能力怎麼評估？你必須足夠瞭解候選人的技術能耐，確保他／她的能力值得團隊信賴。假如這個管理職需要編寫程式碼，讓他做一份簡化版的技術面試測驗。如果這個管理職不涉及實際開發，你可以針對她的經驗提出技術相關問題。根據這人管理過或開發過的系統來設計你的問題，詢問他／她如何做出取捨以及權衡原因。此外，你也可以讓她調解採取不同解決方案的工程師，調解他們在技術上的辯論。優秀的技術管理者知道應該問什麼樣的問題，梳理核心關鍵，並引導團隊達成共識。

以上點子都是用來評估候選人的技能是否適任管理職位。第二個面向是評估候選人的文化契合度。如前面章節所說，不論招募什麼職位，候選人的文化契合度都將影響整個組織。而其中，招募了和組織文化格格不入的團隊主管，對組織破壞力是最大的。你曾經和一個不懂公司文化或氛圍的經理共事過嗎？比方說，大牌企業出身的經理來到新創公司，他似乎不太喜歡新創公司的速度和不拘小節。或者，剛從新創公司跳槽到大企業新任經理似乎不懂如何取得共識？我的意思不是大公司員工不能在新創企業大放異彩（我就是過來人），或者新創企業出身的人不能在大公司的體系裡獲得成功，重點是，你必須了解公司的文化氛圍，並評估候選人是否能夠適應組織文化。

文化契合度如何篩選？我會在第 9 章詳細討論這個問題，簡單來說，首先你必須瞭解公司的核心價值。公司的組織架構非常制度化，還是不太仰賴正式的職級位階？這兩種組織文化都會對習慣另一種組織氛圍的人們帶來麻煩。我曾經看過大公司出身的經理非常尊重平級同仁，卻對下屬或基層員工頤氣指使，在新創公司的團隊中引發嚴重摩擦。我也曾見過來自新創公司的技術主管，他們更習慣主動發現並儘速解決工作上的問題，對大公司裡一切必須按照流程行事的工作模式適應不良。這些都是最能體現公司文化的地方。如果你崇尚僕人式領導，卻雇來一位想對團隊發號施令的經理，這人將與組織文化格格不入。同理，如果組織文化看重合作，而你招來的技術經理卻認為講話最大聲的人就該獲勝，照樣會引起麻煩。

經理與組織文化能否契合的重要性不言而喻，因為他們會根據自己的風格理念形塑團隊，並根據個人理念來雇用新人。如果你雇用的經理在理念上和團隊格格不入，通常會導致兩個情況：經理失責，你得開除他／她；團隊成員紛紛出走，最後你還是得開除這位經理。有時候，你不免要改變某種組織文化，而新的經理可以充當催化劑的角色，加快這種變化。善用招募經理的機會，改

變團隊的文化。事實上,這在新創企業相當常見,他們雇用更有經驗的經理和管理高層來彌補團隊其他成員的不足。至於成效,有時斐然,有時一塌糊塗。無論結果如何,你通常都會看到這些帶著新文化而來的人們和組織既有文化產生摩擦,因此,在招募經理時要特別謹慎。

安德魯葛洛夫在《葛洛夫給經理人的第一課:從煮蛋、賣咖啡的早餐店談高效能管理之道》[1]一書中提到,文化價值是人們在高度複雜、不確定或模糊形勢下做出決策的一種方式,在這種充滿不確定性的環境裡,他們將群體利益視為首位,置於自身利益之上。我認為他的觀點非常耐人尋味。他觀察到,大多數新員工將自身利益放在首位,直到他們開始瞭解自己的同事,才會謀求群體利益。因此,如果你讓這些新人接下非常複雜、充滿不確定性的工作,成效往往不彰,除非他們能夠快速適應團隊的文化氛圍,並利用這些文化價值來調整他們的決策。如果你能篩選出那些價值觀貼近組織現有文化的經理候選人,比起那些個人價值觀與公司文化背道而馳的經理,這些人更能如魚得水,在組織中一展長才。

最後,招聘經理的關鍵環節:資歷查核(reference check),萬一我漏掉那可就太失職了。針對任何你打算錄取的人選,就算你曾經和這人共事過,也請進行徹底的背景調查。向推薦人詢問這位候選人的事蹟,若有機會,是否願意再為他/她效力或共事。問問推薦人對這人的看法。在雇用經理時假如忘了做好資歷查核工作,這於你和團隊而言都是巨大傷害。即便候選人精心打點過,推薦人也能在不經意間流露一些細節,讓你預期上任後的可能情況。千萬不要略過這一環節。

---

1 Andrew S. Grove, High Output Management (New York: Vintage Books, 1983).

請教 CTO：超出技能範圍的管理任務

我現在不僅要負責軟體開發團隊，還要管理營運和 QA 團隊。我從來沒有帶領過這類團隊，能請您分享一些幫助我做好工作的建議嗎？

小心！人們很容易誤認為帶領不同類型的團隊，和管理軟體開發團隊大同小異。但根據我的經驗，你必須密切留心那些不同於熟悉領域的重要細節，如果你從未管理過某類團隊，其實很難判斷你需要注意哪些細節。遺憾的是，在不熟悉的領域中，人們太容易錯過重要細節，直到為時已晚。

萬一問題越釀越大，最後會發生什麼事？以我的經驗來看，最後會帶來大麻煩。假如某個團隊的工作領域你不熟悉，於是雇了一位經理協助帶領團隊，在你終於意識到事態不對之前，這位經理很可能從一開始就走了錯路。假如團隊負責的專案時程很長，你更難及早發現問題，因為這種時間跨度很長的專案，讓人很容易將進展不順利瞞天過海。

解決這種困境的方法之一，就是我在討論導師關係時提過的心態：「保持好奇心」。請記住，身為經理的你並非無所不知，無所不能。善用你的無知，邀請對方與你分享工作內容。和他／她坐下來好好聊一聊，把對方視為你的導師，把他們當作教你學會工作訣竅的人。無論對方來自 QA、設計、產品管理或技術營運，向他們請教開放式問題。告訴對方，你的目的是為了更瞭解他／她的工作，進而更加理解或欣賞他們的付出。

另一則建議是，雖說你大概想將更多時間投入於熟悉的領域，但請準備好投入大量時間到新的領域上，尤其是剛開始的時候。尋求信任、渴望授權讓下屬去發揮，理所當然地假設人們永遠會做出對的事情，放羊式管理對於中階經理們來說是個巨大誘惑，但這種心態很容易讓你錯失解決問題的最佳時機。更糟糕的是，如果你認為這些領域乏味

無趣，或不值得你的寶貴時間，即便人們直接找你出手相助，你大概也不願意處理這些團隊遇到的問題。你大概會因為一開始就忽略這些問題而感到內疚，但人性中趨利避害的一面，也讓你更不想直面這些蟄伏已久的沉痾。咬牙，騰出時間去瞭解每個領域吧；在百忙之中抽出時間，和這些團隊的技術主管和成員聊一聊，練習向他們請教工作細節，逐步瞭解團隊成員實際面對的工作內容。

找出組織失能的原因

我深信，最優秀的工程經理通常也是善於挖掘問題的「除蟲大師」（debugger）。為什麼？這兩件事有何交集？

優秀的除蟲大師不懈地對 bug 的「原因」追根究底。在應用程式的邏輯中尋找 bug 說起來很簡單，但實際上，我們都知道 bug 可能深埋在複雜系統的底層，可能牽涉到好幾個不同的、受時間延遲影響的區塊。為了找出 bug 所在，在平行處理的程式碼中添加一條 log statement，然後發現這個 bug 無法重現，就假定自己把問題解決了的人，並不是一位好的除蟲者。這是一種懶惰的習慣，也是相當常見的行為。有時，某些問題看似無法追蹤，許多人沒有耐心去挖掘（他們或其他人編寫的）程式碼、記錄檔案、系統設定和其他必要的東西，釐清那些只發生一次的事件。我無法譴責這些人。瘋狂除錯一次性問題雖然不是善用寶貴時間的好選擇，但是它確實彰顯了一種對於未知感到不滿的心態，而這些未知數可能突然發作，在半夜兩點把你叫醒，緊急搶救出錯的系統。

這跟管理有什麼關係？管理團隊是一堆黑箱子和另一堆錯綜複雜的黑箱子相互作用的一系列過程。這些黑箱子各自有著你能夠觀察到的輸出端和輸入端，然而，當你想要找出工作產出不如預期的原因時，你得試著打開箱子，看看箱子裡究竟發生了什麼。況且，正如你在 debug 時不見得有原始程式碼一樣，又或者這些原

始程式碼用你不熟悉的程式設計語言編寫，甚至 logfile 完全不可讀一樣，在管理團隊時，這些黑箱子也可能拒絕交出他們的內部工作成果。

我們來舉個例子。你的團隊工作進度似乎很慢。你聽過不少次業務夥伴和產品經理抱怨他們進度太慢，你也同意這個團隊欠缺動力，積極度不如你的其他團隊。你該怎麼解決這個問題？

預設假說

想在某個系統中進行除錯，找出問題，首先你需要給出一個合理的假設，這個假設能夠解釋系統如何進入失敗的狀態，而且最好是一個你能夠重現的假設，以便好好修復這個問題。想為團隊進行除錯，你也要針對「團隊為何出現問題」給出一個假設。盡可能以不干擾團隊工作的方式找出假設，以免你的介入反而模糊了問題所在。團隊管理更具有挑戰性，因為團隊遇到的問題通常不是單一的失誤能夠解釋，而更接近於整體績效問題。系統如常運作，但不時會變慢；機器還可以，只是偶爾會當機；人們看似工作愉快，但流動率非常高。

檢查數據

為團隊除錯時，你必須秉持著解決嚴重系統問題一樣的慎重態度。當我在除錯某個系統問題時，首先，我會看看 logfile 和任何系統狀態紀錄。當你發現團隊工作速度不夠快，去看看對應的紀錄吧！查看團隊聊天視窗和電子郵件、檢查工單（ticket）、檢查程式庫中的程式碼審查和程式碼合併（check-ins）。你看到了什麼？出現過佔用大量時間的生產環境事件嗎？人們身體不適請假了？在程式碼審核中，人們針對程式碼編寫風格發生爭執？工單上的請求描述寫得太過籠統？牽涉層面太廣？太過簡略？團隊的溝通風格是積極的嗎？成員們除了工作上的溝通之外，還願意分享有趣的事情嗎？或者他們的溝通純粹討論公事呢？看看團隊的行事曆，他們每週花很多時間在開會上嗎？經理有沒有召開一對

一會議？這些指標都不是決定性的證據，但它們能指引你發現那些有待解決的領域。

觀察團隊

也許，上述的所有指標看起來都沒有問題，但團隊表現就是不如預期。你知道，團隊擁有人才，他們工作愉快，也沒有被生產系統維護工作摧殘。那麼，究竟發生了什麼？是時候主動介入，積極調查團隊潛在問題的時候了。去旁聽他們的日常會議。這些會議讓人覺得無聊嗎？團隊看起來興趣缺缺嗎？大部分時間是誰在發言？有哪些例行會議需要整個團隊參加，而絕大多數時間成員們只是默不做聲地聽經理或產品負責人滔滔不絕？

枯燥的會議是一種訊號，這可能表示會議組織規劃欠缺效率，相對於團隊應該知道的資訊來說，會議可能太多了。讓人感到無聊的會議，也可能是因為團隊成員認為他們沒權利或不夠格協助設定團隊的發展方向，或者他們認為自己對於工作沒有選擇權。一般來說，枯燥的會議暗示著團隊欠缺「健康的衝突」。運作良好的會議中，人們積極參與討論，交流意見，激盪想法。假如會議過度制式化，壓縮了團隊對話的機會，反而會抹殺富有創造性的討論。如果人們因為害怕面對衝突，而不願意反對或提出問題，或者如果經理總是忽略衝突，堵住讓意見分歧宣洩的出口，這些跡象都指向了不健康的團隊文化。

然而，請注意，既然我們將團隊運作比作黑箱，這些箱子也帶有「薛丁格的貓」的特徵。這個物理學實驗試圖證明「觀察的行為」會改變實驗結果，或者更確切一點，這些觀察的行為影響或導致了結果。同理，旁聽會議、參加 stand-up，你的出現不可能不改變團隊的行為表現，還可能掩蓋了你試圖發掘的問題，這就好比一條 log statement 可能（在某段時間裡）神奇地解決了並發問題。

提出問題

向團隊問問他們的目標是什麼。他們能否對答如流？他們明白這些目標的意義嗎？假如團隊成員不清楚工作的目標為何，這表示他們的主管（經理、Tech Lead、產品經理）沒有善盡職責，疏於讓團隊掌握工作的目的。幾乎所有的激勵模式都需要人們理解、認同自己手上工作的意義。他們為誰打造系統？對客戶、業務和團隊的潛在影響是什麼？他們能夠參與目標或專案決策流程嗎？如果沒有，不讓他們參與的原因是什麼呢？假如某個團隊將所有時間都花在工程部門推廣的專案，而忽略了產品／業務相關專案，這可能表示，該團隊並不欣賞或理解這些產品／業務專案的價值，因此缺乏解決這些問題的工作動力。

檢查團隊氛圍

最後，你可以觀察看看團隊實際上的相處氛圍。人們喜歡彼此嗎？他們友善嗎？他們在專案上互相合作，還是各做各的？聊天室或電子郵件的互動氛圍有趣嗎？他們和其他部門的工作關係如何？和產品經理的互動友善嗎？這些都是微小細節，但即便是最公事公辦的團體，個別成員之間也往往有一定程度的交集。從不對話，永遠獨自工作的一群人，其實不能稱作團隊。假如團隊績效良好，這樣相敬如賓當然沒有問題，但如果團隊效率欠佳，那麼很可能為你帶來麻煩。

跳進來幫忙

有時候，經理的經理認為，解決團隊問題是經理的份內工作。畢竟，你根據團隊成果來評估這位經理的績效，他的責任就是為團隊排憂解難，修復團隊問題。儘管我很少碰程式碼了，我有時候也會主動介入，協助解決系統中斷事件。雖說經理的責任就是顧好團隊，但當你發現團隊遇到問題，而經理正苦苦掙扎時，何不主動拉他一把呢？這是向經理傳授經驗，幫助他／她成長的好機

會。這個情境也能揭露組織中更基本的問題，例如，組織欠缺資深業務領袖，即便是最優秀的技術經理也無法獨立解決問題。

保持好奇心

在涉及組織的大方向問題時，追求問題的「原因」，能夠幫你發掘事物發生的「規律」，也幫助你從中吸取經驗。在除錯這件事上，我們透過持續實作，學習哪些領域容易最先出問題，知道哪些指標最有參考價值。在領導這件事上，我們透過持續督促自己和管理團隊去真正地觸碰深藏於組織的底層問題，尋找問題的原因，好讓我們在未來能夠更快地解決問題。假如欠缺對原因追根究底的動力，我們不過是憑藉魅力和運氣在管理職涯中前進，毫無根據地做出各種雇用和開除決策。因為價值觀中存在了巨大的盲點，導致我們無法真正從錯誤中學習。

設定期望和準時交付

「為什麼某項工作要花這麼久時間？」是工程經理們最常被問到，也最令人喪氣的問題之一。想必諸位對這個問題都不陌生。還是工程師、Tech Lead 或小團隊主管時，我們都被問過這個問題。當你開始管理團隊經理時，這個問題的難度彷彿更上一層樓，因為在這個管理層級的你，不可能對團隊工作的每一個細節瞭若指掌，因此更難回答。

首先：希望你被問到這個問題的原因是因為某些工作進度大幅落後。這是最適合問出「為什麼要這麼久？」的情況，也是你應該盡力去掌握前後脈絡和做出回應的時刻。

可悲的是，即便事情進展沒有落後於預期時程，我們也常常被問到這個問題。我們的頂頭上司要麼不喜歡最初的預估時間，要麼從來沒過問。無論出於什麼原因，雖然事情不曾出過差錯，但現在老闆對進度不滿意，於是提出這個問題要我們好好回答。

為此，即便人們並未過問，你必須積極主動地分享和更新預估時程，尤其是那些你認為至關重要或可能需要好幾週的專案進度。這意味著，你必須積極主動地去取得那些預估。在軟體開發的工作場景中準確預估進度是很困難的。在你目前的管理階級中，主要任務之一就是針對團隊的預估流程進行協商，例如採用何種時間尺度、針對哪些專案等等。

工程師們往往不願意進行預估，或者預估工作時間超出敏捷衝刺週期（通常是兩週）。假如你認為時間預估必須精準到位，而需求經常發生變化或充滿未知性，再加上大部分工作應該是在一兩個衝刺週期內就能完成的功能開發，這種不樂意進行預估的想法也不是沒有道理。然而，這三件事情並不盡然永遠正確。即便預估的數字並非完全準確也能發揮用處的原因在於，這也能讓其他團隊成員得知工作的複雜程度。並非所有專案的要求都會經常變動，投入一些前期工作，能夠大幅降低讓軟體開發預估窒礙難行的未知因素。也許你會反駁，前期工作有時會讓整個過程更加耗時，不如每個衝刺週期再逐一檢視專案就好。這麼想也沒錯，然而，我們不僅僅是在討論工程團隊。我們討論的對象是那些希望透過規劃來瞭解完成工作需要哪些代價的企業。從某種層面來說，我們也在討論目標設定，學習如何更好地瞭解軟體和系統的複雜性。我們無法完美預測未來，但教會團隊如何磨練直覺，學習對複雜性和機遇保持敏銳，這是個意義非凡的目標。

所以，請接受你得做些預估工作的事實。試試不同的預估方法，看看哪一種適合你的公司，幫助團隊養成預估工作時間的習慣。

敏捷軟體開發的另一項核心價值強調「從過去經驗中學習」。當預估出錯時，我們在未知的複雜性中學到了什麼經驗？哪些是值得估計的？哪些時候應該估計？我們如何傳達這些預估工時？哪些人會對預估出錯感到失望？我們學到了什麼？

你的任務是盡可能闡明整個專案的時程，運用你的專業與經驗給出專案預計完成的時機，當時程發生變化時，主動地向上級匯報，尤其是專案時程可能大幅延誤的時候。

即便你盡了最大努力，實際上專案進度並未延誤，或是由於超出你控制範圍（且已經充分告知）的事件導致專案延誤，你還是容易被問「為什麼專案進度這麼慢？」這種情況令人難受，這通常是因為有人承受很大壓力，或者被逼迫以更快的速度交付工作。這種情況不是簡單的回應就能解決。有時，唯一的解決辦法就是，耐心地提醒對方，事情正在儘速推展，一切都按計劃進行。在備感壓力的情境裡，責難雖難以避免，但確實不是理性的行為，只是在宣洩一時情緒。對施加壓力的下屬表示同理，你可以提出責備之外的方式，幫忙解決團隊遇到的問題，化責難為行動。

最後，不要害怕與經理、Tech Lead 和其他業務主管合力縮小專案範圍，訂出關鍵交付日期。身為高階經理的你，有時需要突破僵局（tie-breaker），決定哪些功能值得刪減，哪些功能對於專案成敗有關鍵影響。幫助團隊找出這些功能，萬一砍掉某人最推崇的想法對專案大局至關重要，請挺身承擔相應責任。對於你願意讓步的東西保持謹慎。如果你只在技術品質上做出讓步，雖然團隊未來可能要承擔技術債，但專案得以準時交付，其中取捨你必須心理有數，知道哪些是不可或缺的核心功能，哪些是技術上的加分項。

挑戰：路徑圖的不確定性

各個階級的經理必須面對的常見挑戰是不斷發生變動的產品和業務路徑圖。尤其在規模較小的公司中，很難讓人們對下一年度要完成的工作內容做出承諾。即便是大公司，市場上的風吹草動也可能導致企業策略突然改變，某些專案被擱置，計畫好的工作被取消。

這對於工程經理來說真的很難辦。你大概沒有能力反抗來自高層的策略變動，甚至當你向團隊承諾過某些專案，卻因為意想不到的變動而不得已撤回承諾，策略轉變是最讓「中階管理層」感到不自在的事。這讓團隊感到不快，他們也向你吐苦水。你感覺自己無能為力，束手無策，而團隊可能覺得自己不被當人看，而是被當作冰冷公司體制下的小小齒輪。

第二項挑戰迎面而來：當團隊不具備一個明確流程來決定工作的優先處理順序時，你要如何安排時間來處理技術債以及改善工程品質的專案？畢竟，如果你忘了投入時間處理技術上的問題，就會減弱團隊開發功能的速度。然而，產品團隊在他們的產品路徑圖（product roadmap）上永遠不會有技術債的存在，所以在規劃過程中通常不會分配時間給這類工作。

控制路徑圖不確定性的策略

分享幾個打造路徑圖的策略：

- **根據你所在公司規模和目前階段，理智看待計畫發生變化的可能性：** 假如你所在的新創公司，每到夏天都會根據上半年的業務成果，調整年度規劃，那麼請為變化做好準備，盡量不要向團隊承諾一些需要延續到下半年的工作。

- **思考如何將大專案拆分成一系列較小的可交付成果，這樣一來，即使無法實現宏大的目標願景，也能取得一些實際的成果：** 想要妥善拆分技術工作，你需要和產品或業務經理密切合作，找出那些必須優先處理的細節。你們應該都意識到了事情瞬息萬變，所以一切都必須反覆檢視，著眼於現階段最有價值的東西。

- **不要過度承諾技術專案的未來：** 不要承諾團隊「日後」進行一些令人興奮的技術專案，因為日後的產品路徑圖也未成形。這種描繪未來的方式會讓人燃起希望，接著因希望落空而讓人失望。假如某個專案至關重要，現在或盡快開

始規劃。如果某個專案不緊急也不重要，你可以將它放在待辦清單中，但也要現實一點，當「日後」到來時，同時會有一堆來自其他業務領域的工作爭先恐後而來，競爭優先處理順序。如果你沒有投入時間闡明進行某項專案的價值，這個專案將被擱置一旁，人們將轉而處理明顯更有價值的其他專案。

- **將團隊工作時程的 20% 時間投入「持續性工程」**：為團隊保留時間，進行系統重構（refactoring）、修復錯誤、改善技術流程、進行小規模系統清理，以及提供持續系統支援等工作。在每一次規劃會議時都要記得空出時間。遺憾的是，20% 時間還不足以執行完整的大專案，所以大規模的技術重寫或其他重大的技術改進工作需要額外規劃與安排。然而，少了這 20% 時間，後果將不堪設想，比如錯過交付期限，或是突然跑出了不在計劃內，令人不悅的清理工作。

- 瞭解各種技術專案的重要性：產品和業務專案通常以某種價值主張來證明它們的重要性。然而，這種價值主張不見得適用那些為了改善技術品質而提出的工程專案。當工程師向你爭取某個工程專案時，你可以透過以下問題，為專案提供思考框架：

  一這個專案規模多大？

  一有多重要？

  一你能向任何人清楚闡明這個專案的價值所在嗎？

  一專案的「成功」，對於團隊的意義是什麼？

  這些問題的意義在於，你開始抱持看待產品計畫的態度，檢視大型的技術專案。這些專案同樣有倡導人和目標，還有時程表，和其他大專案的管理方式如出一轍。這個過程也許頗令人不安，因為有時你「知道」某件事很重要，但你不知道如何用企業重視的方式表達其重要性。技術專案

的本質尤其複雜，再加上不直觀的衡量指標（如工程效率），有時很容易讓你陷入僵局，比如當你試圖向非技術合作夥伴解釋技術細節，而這人不見得完全理解這個專案的動機和目標。我的建議是，盡你所能搜集資料，支持自己的論點，談一談專案完成後能帶來什麼可能性。如果你正在檢視某個改善技術品質的提案，意識到這個專案針對某個很少改動的系統提出一堆工作量，卻不見得對技術或業務帶來核心改善，那麼這個專案大概不值得付出心血。遺憾的是，團隊即便想要進行探索性工程、清理陳舊程式碼和改善技術品質，時間也遠遠不夠，因此，你必須慎選專案，善用這個思考框架，避免無謂的付出。

回到這個充滿不確定的路徑圖。專案時常發生變化。團隊組成甚至以你不理解或不同意的方式解散或異動。身為一位經理，你的任務是幫助人們重拾解決棘手問題的信心，讓現階段的專案繼續穩定運作，幫助他們和新的工作順利接軌。此時，你應該也必須擋掉額外的工作需求，確保團隊有充足的時間完成現有工作。此外，推動工程團隊參與新工作的早期規劃，讓人們對他們即將負責的專案產生期待。花一些時間去瞭解變動的原因，即便你不能完全認同，也要盡自己的力量幫助團隊釐清這些原因，並幫助他們明白新的目標。面對這些變化，你越保持鎮定，並且越能表現出（或假裝出）對新方向的熱忱期許，越能幫助團隊順利過渡。

面對洶湧海浪，你可以選擇讓它們將你拽入海底，或者學著乘風破浪，迎難而上。

保持技術敏銳度

經理們經常請教我：「我該如何維持技術敏銳度？」我們都知道，如果不投入心力累積技術上的造詣，很容易與技術脫節，被日新月異的技術淘汰。不過，維持技術敏銳度的好處究竟是什麼？為此，我們先從釐清你的技術責任開始探討。

監督技術投資

為了與日俱進，系統需要持續提升技術，採用新的語言、框架、基礎設施和功能。然而可用於改善系統的開發時間和精力並非無窮無盡，你的責任是確保團隊將技術賭注放在正確的地方。為了監督技術投資，你必須檢視這些技術提案和改善工作，看看預期成果是否符合未來的產品或客戶需求。全面綜觀所有專案，衡量需求和機會，讓團隊將重心放在需求最大或是最能帶來機會的領域。

詢問「內行」問題

你的工作不是辨識「所有」技術專案。對團隊的技術投資負起責任並不代表你要親自研究，尋找潛在的投資機會。相反的，你可以利用提問來引導團隊的技術投資選擇。目前有哪些專案？遇到了什麼驚喜或瓶頸？團隊對系統的未來有什麼想法？哪些團隊在爭取更多的工程師？為什麼他們要招更多人？哪些團隊進展緩慢，但不想增加更多人手加快產能？為什麼他們現在要提倡這個特定專案？你必須對工作有足夠的瞭解，分辨那些努力的方向出錯了，並且謹慎評估技術提案的可行性。

分析並解釋技術和業務之間的取捨

理解了團隊對專案感到興奮的原因和重視的價值後，你可以利用產品計畫提振團隊的工作動力。因為你具有足夠的技術敏銳度，當你發現某個功能在技術上很難實踐，或者某個技術點子對業務有不可預見的影響時，你能夠提出問題，表示擔憂。你要確保工程師在做出決策時瞭解業務前景和產品路徑圖的未來走向。當技術工作的研發過程充滿不確定性時，你有能力向非技術同仁解釋為何不確定性存在。充分瞭解業戶和客戶目標後，你為那些可以在合理的時間框架內實現這些目標的技術專案提供引導。

提出具體要求

身為主管級經理（director-level manager），你依舊要對組織採用的技術有足夠的瞭解，方能提出具體的要求，而不是用一長串問題分散了資深工程師的注意力。充分瞭解團隊進展、專案和瓶頸後，你能夠先行過濾那些在技術上不可行的想法，並將新的提議加入正在進行的專案。這些特定而具體的要求，必須讓團隊維持生產力，在技術風險與組織目標中取得平衡。以下是個例子：

> 技術副總裁（你的上司）告訴你，她想改善搜尋體驗，讓下一季度的活躍使用者數量成長，她可以給你更多的工程師加快工作效率。而你知道，就算加入更多工程師，團隊也無法更有效地改善搜尋體驗，因為這個功能正在被重寫。於是，你選擇引導團隊優先處理並交付 *API*，讓產品團隊終於能進行一些測試。你向技術副總裁解釋哪些事情可行，確保團隊保持專注，專心完成那些能夠實現大方向目標的工作。

對技術不夠敏銳的經理，有時候會發現自己充當管理高層和團隊之間的傳聲筒，這是一個相當不好的習慣。他們將請求一股腦兒轉發給團隊，再將團隊的回應傳回管理層，沒有做好「過濾」請求的工作，未能發揮自己的價值。

用經驗檢驗直覺

這是一份涉及大量技術性的工作，不充分理解或無法欣賞軟體開發工程與技術領域的挑戰和取捨的人是無法勝任的。如果團隊沒有妥善運用時間投入工作，身為他們主管的你會遭受責難，因為你沒有幫助他們做出更好的決策。請憑藉直覺作為指引，指導你將時間和關注花在哪些地方，不要僅僅因為你忙於人事和組織管理而冷落了你的技術直覺。

身負重大技術責任的你，該怎麼做才能維持技術敏銳度呢？

- **閱讀程式碼**：偶爾撥出一些時間閱讀系統中的程式碼，提醒你系統應該是什麼樣子。有時候，這些程式碼還會向你揭露一些漏洞和需要注意的地方。查看程式碼審查和合併請求，幫助你深入瞭解系統中正在發生的變化。

- **請工程師向你解釋一個未知領域**：某位工程師正在做你不熟悉的工作，花幾個小時請教他關於這個領域的知識。到白板前或共享螢幕畫面，請他和你做一場結對程式設計，練習對程式碼做出小改動。

- **參加事後檢討會議**：當中斷事故發生時，盡量參加事後回顧會議。這些會議通常會揭露許多關於程式碼編寫和軟體部署過程的細節，不常碰程式碼的你很可能忽略的種種細節。你認為理所當然的開發標準被忽略了、團隊之間缺乏溝通，或是開發工具弊大於利等等。在遭遇失敗的時候，最能清楚地看見哪個環節出了差錯，明白那些地方需要特別關注。

- **跟上軟體開發流程的業界趨勢**：與程式碼開發、測試、部署和監測的實務工作、工具和流程逐漸脫節，是管理人員的主要劣勢之一。在這些實際工作中，新的想法或技術有機會讓團隊變得更加高效。儘管不是所有趨勢都值得追求，但不妨花些時間去瞭解其他團隊交付軟體的方式，幫助團隊持續提升效能。

- **經營公司外部的技術人脈**：最好的故事來自你最信任的人。經營技術人脈，向同行請教關於技術或工程管理領域新趨勢的意見，瞭解技術部落格、演講分享和新技術推廣術語背後的真實感想。

- **學無止境**：閱讀科技文章或部落格、聽演講分享，探索一些你真正感興趣的東西，即便它們和公司或團隊工作的相關性不大。不要害怕向團隊提出問題，把握各種機會請教他們。「學習」是一種讓人維持清晰思路的寶貴技能。

評估你的個人經驗

- 你有多常和跨層級下屬聊天？你和他們單獨約談，還是一群人一起見面？你會主動關心團隊嗎？你花多少時間主動尋找關於團隊運作的蛛絲馬跡，還是你選擇被動接收？上一次參加團隊會議是什麼時候？

- 在不參考現有職位描述文件的情況下，請寫下你的下屬（技術經理）的工作描述。

  一他們負責哪些任務？

  一如何評估他們的績效表現？

  一在你看來，哪些領域是成功的關鍵？

- 現在，請檢視你公司採用的職位描述。和你寫下的內容有任何差異嗎？根據這份職位描述，在評估下屬績效時，你可能忽略了哪些地方？

- 最後，在心裡快速回想一遍他們目前的工作表現。哪些地方需要指導和發展？在下次一對一會議中騰出時間討論這個問題。

- 假如你管理著一個超出技術舒適圈的領域，你通常多久關心一次這個領域，確保事情進展順利？你有沒有花點時間向這個領域的經理學習如何在這個職位角色上取得成功？在過去的三個月裡，你學到了什麼新東西，幫助你更理解那個團隊呢？

- 如果某個團隊明顯比其他團隊運作得更加順暢，在他們的工作流程中你發現了什麼特殊之處？團隊成員的互動如何？他們的主管和其他主管相比，有什麼差異？團隊成員和主管的互動方式是什麼樣子？這位經理又是如何和你互動的呢？

- 你如何面試技術經理？你會花時間討論他們的個人理念和管理哲學嗎？你會邀請團隊參與面試過程，讓他們面試可能的經理人選，還是讓他們置身事外？你會花時間和推薦人取得聯絡，瞭解候選人過去的工作情況嗎？

- 貴組織本季度的目標是什麼？今年的目標是什麼？你會如何結合產品目標和技術目標？團隊是否充分瞭解組織傳達的要求？

8

高階管理

高階經理人的日常工作，很大程度取決於所在公司的規模。在新創公司管理一個 70 人的工程組織的高階經理，和世界前 500 大企業的公司裡管理超過數千名員工的高階經理人，假如我說這兩人的工作性質不存在差別，請相信我，這是一派胡言。市面上有無數本關於規模化企業的管理著作，從較為泛用的角度討論高階管理。本章末尾列出了一份關於高階領導的推薦書單供讀者參考。這些管理學著作對於高階領導人來說是不可或缺的寶貴指南。

可惜我們不是一般意義的高階經理人。我們是高階技術領袖。這本書的受眾是曾經寫過一段時間程式碼，最終進入管理領域，並一路過關斬將，成功躋身管理高層的工程師。身為工程師，我們對技術負責，這些責任只能由身為技術專家的我們承擔，而我們在瞬息萬變的技術領域中經歷過的一切，也形塑了我們對於技術的認知。

成為高階技術經理的我們，為組織提供截然不同的特殊技能。根據需要，我們激發人們的意願，去擁抱變化、推動變革。我們願意質疑現有的工作方式，假如目前作法不奏效，我們願意推動不一樣的嘗試。我們深知技術日新月異，衷心希望組織與日俱進，跟上這些變化。我們在技術層面擁有獨特的角色任務，但我們也必須在高階管理方面取得成功。僅僅扮演變革推動者（change agent）還不夠，我們必須建立一個能夠貫徹變革的組織。

第一項任務是成為領袖。公司期望你指揮大局，為人們的任務、目的、行事與思考方式，以及價值提供指引。你奠定了人們互動的基調。人們加入公司是因為相信你，相信你所雇用的人，相信你協力實現的企業使命。

你能夠在沒有完美資訊的情況下做出艱難的決定，並且願意承擔這些決定的後果。你能夠理解企業面臨的現狀，也能預見未來企業的潛在可能。

你知道如何規劃未來幾個月或幾年的工作目標，幫助組織隨時處於最佳位置，把握每一次機遇。

你明白組織架構方式，以及它對團隊工作的影響。你知道落實管理的寶貴價值，進而鞏固而不是破壞組織架構。

你知道如何在政治角力中游刃有餘，推動組織和業務持續拓展。你和工程部門以外的同仁維持良好工作關係，會尋求他們的觀點來解決牽涉到多層面的問題。

即便你不贊同某個決定，你也知道如何為了實現它而努力。

你知道如何讓人們和組織對於工作產出負起責任。

安德魯葛洛夫在《葛洛夫給經理人的第一課：從煮蛋、賣咖啡的早餐店談高效能管理之道》[1]一書中，將管理任務分為四大類：

蒐集或分享資訊

　　旁聽會議、閱讀或撰寫電子郵件、和人們一對一談話，蒐集人們對事情的觀點。優秀有為的高階領導人能夠迅速綜整大量資訊，辨識龐雜資訊中的關鍵要點，以淺顯易懂的方式向相關第三方解釋，和他們共享資訊。

1　Andrew S. Grove, High Output Management (New York: Vintage Books, 1983).

提醒

　　以適時提問的方式取代發號施令，提醒人們做過的承諾。對於管理龐大團隊的領導者來說，以一己之力強令團隊調轉方向是很困難的事。因此，請採取「提醒」團隊成員的方式，讓組織運作維持正軌。

決策

　　斟酌相互矛盾的觀點，善用不完善的資訊，設定組織的發展方向，明白錯誤決策的後果將對你和整個團隊不利。假如「做出決定」這件事很簡單，世界上也就不需要那麼多經理和領導者了。任何投注大量時間在管理工作的人肯定都會告訴你，下決定正是最耗費精力和最令人倍感壓力的工作。

成為榜樣

　　向人們展現公司的核心價值。履行你做出的承諾。即便有時你不太情願，也要盡力為團隊樹立最佳典範。

無論你的職位是首席技術長、副總裁、總經理或是工程主管，你的每一天都是由這四項任務形塑而成。

我的工作是什麼？

科技業內人士經常將我的資歷歸類在「非傳統」的背景。和來自正統資工背景的工程師們互動時，我總懷疑自己不如人，感覺自己患有嚴重的「冒牌者症候群」。在領導那些我認為更懂技術的下屬時，這種感覺特別真實。

我的非傳統背景，再加上內心希望被看作聰明人，渴望「做最正確的事」，在討論技術方向時，經常造成了欠缺效率的對話。我發現自己會純粹基於技術面的優點，和人們爭執程式語言或技術的孰優孰劣，此時的我僅僅是一位工程師，和一群工程師漫天爭論。

我花了很長時間才意識到，我的工作不是成為「房間裡最聰明的人」，這不是「正確的」，我的角色是幫助團隊根據現狀做出最好的決定，協助他們持續且高效地實施這些決定。

我同樣在乎技術，這是團隊每一道決策的核心因素，然而單憑技術無法讓團隊富有成效，工作愉快。優秀的領導者以組織策略目標為出發點，形塑技術決策的討論，並且考量每一個技術決策在非技術層面的意涵。重點不是成為團隊中最厲害的工程師，追逐最新的語言或框架，或是採用最酷炫的技術。我們的任務是提供工具、培養團隊文化，打造優秀團隊，為客戶構建最好的產品。

—— *James Turnbull*

高階技術領袖的職責

我對首席技術長的工作職責（特別是在以產品為重心的新創企業）有非常主觀的看法，但不見得適用所有企業，我也明白高階管理層存在不少混亂。工程副總裁的職責又是什麼？首席資訊長（Chief Information Officer）該負責哪些領域？這是公司需要的職位嗎？又該拿產品團隊怎麼辦呢？

與其力圖涵蓋高階領袖可能承擔的所有工作，我將解釋一些高階領袖的常見職責，以及如何兼顧各個面向。下列職責內容也許不盡然適用你所在組織，有些人可能兼顧好幾個職責，有些人只能扮演一到兩個角色，甚至有些公司根本不需要這些角色。在規模足夠大的企業中，這些職責被細緻拆分為各部門，你經常得從個別部門的角度分別看待這些角色。不過，我將這些常見職責分類出來，希望能幫助你考慮讓各種高階領袖職位獲得成功的必備技能。這些常見的角色職責包括：

研發（R&D）

> 某些企業追求技術領先地位，因此在技術組織中，高階領袖
> 的任務是實驗、研究和開發新技術。這個角色可能同時負責
> 擬定技術策略，也可能是純粹尋找新穎技術發想的純技術
> 角色。

技術策略／願景規劃

> 技術策略與產品開發密不可分。這位高階領袖通常也主掌產
> 品組織。他專注以技術拓展業務，並致力預測技術在產業中
> 的發展演進。與研發角色的不同之處在於，策略規劃者通常
> 不考慮研發潛力，憑藉商業與科技趨勢作為決策依據。

組織規劃

> 組織規劃者執掌人事管理與組織結構。她負責規劃團隊人員
> 配置和組織架構，確保各項專案由適當人手承接。這個角色
> 通常也兼任「執行」職責。

執行

> 執行者通常也兼任「組織規劃」角色，他的任務是確保任務
> 確實完成。他協助調整開發／產品路徑圖，規劃工作，協調
> 跨層級或跨部門的合作。他負責權衡專案的優先級。他為團
> 隊清除障礙、解決衝突、做出決策，幫助團隊持續向前。

對外形象大使

> 如果某家公司的業務是向企業銷售軟體產品，通常高階技術
> 領袖會參與銷售過程。為了提升產品知名度或使用率，她可
> 能會參加客戶會議，或是到技術年會分享演講。為了招募優
> 秀工程師而致力於打造企業品牌形象的公司，可能也需要高
> 階技術領袖在招募活動或技術年會上演講發言。

基礎設施與技術營運經理

這個角色為所有的技術基礎設施和營運負責。根據企業及其所處發展階段，這個角色可能關注成本控制、資訊安全或是可拓展性。

商務執行

這個角色的首要關注焦點是業務本身。對於公司所處行業瞭若指掌，對於公司其他部門或職能組織也有所認識。他的任務是平衡技術組織的內部開發需求與業務成長需求，並負責在大方向上決定專案的優先級。

以下是我個人經歷過或觀察到結合數種職責的高階管理職位：

- 商務執行、技術策略、組織和執行：首席技術長、工程總監（SVP/VP）
- 研發、技術策略、對外形象大使：首席技術長、首席科學家、首席架構師、首席產品長（通常存在於軟體銷售業務的企業）
- 組織和執行、商務執行：工程副總裁（VP）、總經理
- 基礎設施經理、組織和執行：技術長／資訊長，也可能是「技術營運部副總裁」
- 技術策略、商務執行、執行：產品總監（或產品長），有時是首席技術長
- 研發、商務執行：首席技術長或首席科學家、共同創辦人
- 組織和執行：工程副總裁，有時是首席行政長（Chief of Staff）

如你所見，組織可以根據自身需求自由組合、搭配或定義這些高階管理職位。首席技術長的角色職責尤其隨著公司業務或規模而有所不同，不過大多數技術長的職責都涉及策略規劃，無論是以業務或技術為重心的策略，甚至兩者兼之。

工程副總裁的職責

如果說首席技術長是執掌所有工程組織的執行經理，負責領導策略和監督組織，那麼工程副總裁的任務是什麼？如何成為一位優秀的工程副總裁？

和首席技術長的職責相仿，根據組織需求的不同，各企業的工程副總裁的角色職責不盡然相同。不過，工程副總裁和首席技術長的工作存在顯著的差別。工程副總裁通常位於工程師管理階級的頂端，這表示，工程副總裁應該是在人事、專案、團隊和部門管理等方面具備豐富經驗的經理人。

隨著公司成長，副總裁職級的關注焦點通常會從「組織運作」轉向「商務策略」。這些副總裁可以說是技術部門的小技術長，負責平衡策略發展與管理工作。在一家企業中，可能同時存在多位工程副總裁，各自負責工程團隊中的一部分。他們的角色隨著時間越來越側重於策略規劃，而組織管理的職責則逐漸下放給工程主管或資深工程經理等副手。我們暫且先不討論大企業的複雜組織情境，將焦點放在工程副總裁這一職位上，通常一家公司會有一人擔任此角色。

身為負責團隊日常營運的人，對於程序、流程和細節，優秀的工程副總裁具備堅實處理能力。她能夠同時跟進數個正在進行的倡議，確保它們進展順利。出色的工程副總裁精通「地面戰」，善於挖掘細節，確保基層工作確實到位。如果一家公司裡同時存在首席技術長和工程副總裁，副總裁通常是想法的推動者，而技術長更專注於擬定大方向策略與技術考量。

工程副總裁同時兼管大量的管理責任。假如組織預期團隊規模擴張，她會根據開發路徑圖的需求，擬定人才招募計畫，規劃團隊發展方向，合理擴大團隊規模。她可能與招募部門密切合作，參與人才招募流程，確保履歷審核和面試順利進行。她是工程管理

團隊的「教練」，輔導和提拔組織內部人才，並和 HR 部門攜手合作，為這些未來的領袖提供培訓和發展資源。

工程副總裁的職責既涉及組織大方向，也必須關注各項任務細節。這就是招募適當人選如此艱難的原因，而大多數公司必須從外部招攬人才。擔任此職位的人選必須快速掌握組織中正在發生的事情。她必須獲取人們的信任，運用智慧進行管理和領導。遺憾的是，大多數工程師不信任欠缺技術可信度的人，而累積一定管理經驗的職位候選人，他們在爭取專注於組織管理的工程副總裁職位時，大多對艱深的技術面試不感興趣。

工程副總裁在組織策略中也有一定的話語權，通常，她可能對組織策略的成敗負責。她將深度參與團隊的目標設定流程，以期實現業務可交付成果，這意味著她必須與產品團隊密切合作。她必須確保開發／產品路徑圖的規劃切實可行，確保業務目標被轉化為技術組織有能力實現的可交付成果。她應該具備敏銳的業務／產品直覺，過去資歷證明她有能力幫助團隊交付大型專案，以及協調可交付成果的良好溝通能力。

在我認識的人當中，能夠完美扮演好這個角色的人，都是了不起的工程師。他們非常在乎自己的團隊，為了打造高效的組織，心甘情願在背後默默付出。為了讓人們高效合作，他們願意和組織運作的複雜性打交道。他們希望團隊感到快樂，但他們也深刻明白，讓團隊快樂的來源是成就感。他們為團隊的健康著想，向其他高階領袖發聲，並且致力於培養健康的協作文化。他們能夠識別組織運作流程中的缺陷，從容地管理極其複雜、細節繁多的工作。

首席技術長的職責

在小公司或新創企業裡，所謂的「高階領袖」通常是指首席技術長（CTO）。然而，CTO 的工作職責是技術世界裡定義最模糊的

角色之一。如果你是一名 CTO，你的工作是什麼？如果你想成為 CTO，你需要達成什麼條件？

我們先談談 CTO 不是什麼。CTO 並非技術職位，它不是技術職涯的頂點，也不是工程師在職涯發展中理所當然努力追尋的位子。這不是大多數熱愛開發程式碼、架構和深度技術設計的人們樂於扮演的角色。由此可見，CTO 不見得是公司裡最頂尖的工程師。

稍微有點概念後，我們來談談：如果 CTO 不等同於程式碼高手，也並非技術職的最終目標，那麼 CTO 到底是什麼？

定義首席技術長之角色職責的挑戰在於，擁有這個頭銜的人們不盡然擁有相似的屬性。有些人是負責技術的聯合創辦人，有些人是企業初創時期就留下來的工程師。有些人一進入公司就擔任 CTO，有些人（比如我）則是一步步升職。有些人在擔任工程副總裁後被提拔為首席技術長。有些 CTO 的工作側重於技術組織的人事管理與招募。其他人可能致力於產品路徑圖或技術架構。某些 CTO 是公司對外形象大使。有些 CTO 不負管理責任，沒有直接下屬，還有一些 CTO 管理著整個工程組織。

鑑於上述這些截然不同的例子，我能給出的最佳定義是：CTO 是公司目前發展階段的技術領袖。在我看來，其實這個定義差強人意，它忽略了這份工作最艱難的部分。再詳細一點，CTO 的定義應該是：鑑於公司當前發展需求，兼具策略眼光與執行能力的技術領袖。

「策略眼光」是什麼意思？CTO 具有前瞻性眼光，協助規劃企業未來業務，滿足實現這些可能性的要素。

「執行能力」又是什麼意思？CTO 善用策略性思考來拆解問題，並指導人們如何實踐，讓企業策略得以落實。

說到底，CTO 的工作究竟是什麼？

首先，CTO 重視並理解企業業務，以技術的角度擬定、塑造業務策略。他首先是一位執行業務的經理人，其次才是技術人員。假如 CTO 在管理層中沒有一席之位，不了解公司面臨哪些業務挑戰，他／她不可能帶領技術組織來解決這些挑戰。CTO 負責辨識技術能為那些領域創造新的或更大的價值，同時符合企業整體策略走向。或者，CTO 負責確保技術持續改善提升，預測並實現業務／產品路徑圖的潛在可能性。

無論如何，CTO 必須清楚瞭解就業務發展而言，何處棲息著最大的技術機會和風險，並致力把握這些機遇。假如他專注於招募或留住人才，或是人事管理，那是因為這是技術團隊在當下最 關注的焦點。我特意提出這點，是想強調首席技術長不是「首席技術控」，不應該只專注於純粹的技術面。

出色的首席技術長同時承擔重要的管理責任及組織影響力。這並不盡然表示他們需要深度參與組織的日常管理，然而，讓人們去解決那些你認為對業務有重大影響的問題，是維繫你對公司業務發展方向和策略影響力的重要一環。其他管理高層可能會指點江山，對技術提出各種看法或需求。首席技術長必須保護技術團隊不對任何想法唯命是從，淪為純粹的執行機構，也要關照技術組織自身的需求和想法。

當團隊規模愈加龐大，首席技術長開始招募副總裁來管理所有人時，事情就變得棘手了。許多技術長將所有管理職責交給副總裁，有時甚至不需要副總裁向他／她匯報管理工作。然而，沒有下屬回報工作的高階主管，想要維持影響力和有效性是非常困難的事。

我在以前的公司親眼見證過這種情形，CTO 一職通常由大型業務領域中最資深的技術人員擔任。這些人備受推崇，口碑很好，技術能力也很強，他們對業務瞭若指掌，也清楚技術上的挑戰，

經常被請求幫忙激勵或啟發工程團隊，協助人才招募。然而，他們卻很難獲得成功，因為他們欠缺直接督導任何團隊的管理權限，而且技術組織經常被視為純粹的執行部門，他們缺乏足夠的策略影響力。

身為領導者的你，假如對於業務策略沒有話語權或影響力，也沒有權限將人才分派到重要的任務上，與其說你受限於其他管理高層或經理的權威，不如說你早被架空成魁儡。假如你選擇放棄承擔管理責任，這表示你也喪失了管理的權力。

不具備管理權限的 CTO，必須透過自身影響力來完成工作。萬一技術主管們不分派人手，也不規劃時間去投入那些 CTO 認為重要的領域，這位 CTO 只能束手無策，無能為力。放棄管理，等於放棄了在形塑業務策略上曾經擁有的重要權力，現在，徒有 CTO 頭銜的你，除了自己的一雙手以外，什麼也沒有。

對於以成為 CTO 而努力的人們，我的建議是，請記住，首席技術長的首要職責是為業務策略負責，其次是為管理工作負責。如果你不關心公司業務發展，如果你不願意承擔最終責任，帶領工程團隊為拓展業務而攻城掠地，那麼 CTO 不是你應該追求的職業目標。

請教 CTO：我適合哪個職位？

工程管理的頭銜之多讓我感到困惑，首席技術長、工程副總裁，這兩者有何不同？該如何辨認自己適合擔任哪一個角色？

我懂你的困惑。不少文章針對這兩個職位下了定義，不過除了「視情況而定」之外，很難提出更詳盡的細節。當然啦，想做好這兩份工作，可能有無數種不同的方法。

在斟酌你想要哪一個職位時，你可以問問自己幾個問題。你認為自己日後某一天會創辦公司嗎？你樂於監督公司採

用的技術架構、設定工程流程和指導方針嗎？你是否也願意深入瞭解公司的業務細節，以堅實的技術架構與實踐促進公司業務的成長？你願意參與外部活動、演講分享、客戶推銷、招募高階管理人員和工程師嗎？你願意管理和指導資深個人貢獻者嗎？如果對上述內容感興趣，你大概會是一位優秀的 CTO。

管理工作呢？你喜歡帶人嗎？你對提升工程流程效率感興趣嗎？你喜歡大致掌握團隊的工作進度，願意協助決定工作的優先處理順序嗎？你對組織架構的運作方面感興趣嗎？你擅長和產品經理合作嗎？你是否願意聚焦在團隊的工作效能，而不是埋首於深度的技術細節？你寧願參加路徑圖規劃會議而不是架構審核會議嗎？如果你的回答是「是」，你大概對工程副總裁的位子更感興趣。

有些人的回答可能兩者兼之。我曾擔任過工程副總裁和首席技術長的職位，兩次都是透過內部升職。我更專注於思考技術架構，如有需要，我也樂於將精力放在組織運作上。不過，對我來說，僅僅關注組織運作並不足以讓我保持工作動力。我喜歡思考組織架構的運作概況，但是流程和路徑圖規劃的細節經常令我厭倦，為了保持工作積極性，我需要思考和指揮技術和業務策略。

成為首席技術長的最快途徑是成為一名技術合夥人，但前提是你和你的新創公司能夠共同成長，你才能獲得這份工作。成為工程副總裁的最快途徑是在大企業裡累積管理經驗，然後加入一家正在成長中的新創公司。

最後，給你一條建議，這是曾經的工程副總裁告訴我的建言：「成為首席技術長（或工程副總裁），好比尋求一樁幸福婚姻。記住，重要的不僅僅是頭銜，公司和人都同等重要。」頭銜絕對不代表一切。

變化的優先級

某天早上，CTO 一覺醒來，在清新晨光的沐浴下，她感受到了一則新的啟示。她看見公司開發新產品線的機會，讓公司業務邁向全新的成長期。她花了一些時間勾勒這個願景，並向高階領導團隊簡報。在眾人認可這個策略變動之後，他們開始採取必要行動，讓新的願景成為現實。然而變化無法一夜發生。正在進行中的專案怎麼辦？有些工作已經邁入尾聲，此時喊停就太可惜了。這類擔憂在在顯示著，很難讓團隊團結一致，專注執行新的倡議。突然，問題隨之而來：為什麼你們不把當務之急放在第一位？

來自管理高層的優先級變動，有時毫無預兆地發生，讓人措手不及。遠離組織的工作執行面，專注於策略方向的領導者，可能會忘記團隊的工作優先級清單早在幾週或幾個月前就排滿了，這些工作需要好幾週或好幾個月才能完成。因此，當這些領導高層發現一個潛在機會，或是感覺組織的優先級應該改變時，他們通常會期待變化立即發生，而不考慮組織當前的工作情況。

各層級的經理人也許都曾問過「為什麼你們不把當務之急放在第一位？」，但這個問題在大多數情況下都來自高階管理層。做好心理準備，你大概會被上司問到這個問題。當你覺得有必要問團隊這個問題時，先思考並問問自己，為什麼他們不明白哪些工作是優先事項？以及團隊應該削減哪些東西以便處理新的優先級？

你知道當務之急（top priority）是什麼嗎？你手下的團隊也明白當務之急是什麼嗎？團隊裡的工程師也清楚當務之急是什麼嗎？有時候，一切問題都是「溝通」問題。你不清楚當務之急是什麼，或者你疏於向團隊傳達清楚當務之急的「優先度」和「急迫性」，團隊經理也沒有好好地與工程師溝通。你並沒有確實地查看正在進行中的工作事項，取消或推遲某些工作，為新的優先級騰出空間。如果新的工作需求真的刻不容緩，你必須挺身而出。

嘴裡說著某件事是當務之急是一回事，在工作時程表中做出實際取捨，讓人們為當務之急投入心力，又是另一回事了。

我們大概忘記了，上級或不同組織的人們，並不像我們一樣詳盡掌握團隊目前的工作近況和專案意義。我不認為向管理層同仁或上司不斷地提供所有團隊每一次會議細節有其必要性。不過，當你因為未能專注於正確的優先事項而受到責備時，這意味著你和 CEO 對於現況的理解並不一致，你們需要進行協調，達成共識。你的團隊可能正奮力讓一個頻繁當機的系統穩定下來，或者正處於某個大專案的最後衝刺階段。如果你認為在轉移工作重心到新的當務之急前，團隊需要先完成手上工作，那麼你必須清楚地向管理高層溝通這一堅持。

為了維持或改變任務焦點，請做好對上級和下級施壓的準備。如果你認為在投入新任務之前應該先交付某個大專案，那麼請盡可能瞭解這個專案的價值、目前狀態及預期時程。實際一點。如果你的上級急切地改變了業務重心而找你談話，你大概需要在目前進展中的工作上作出妥協，縮減部分內容，或者調走部分人手。你的團隊大概不會對變化感到欣喜。人們通常不喜歡因為管理層的突發奇想而被迫放棄目前手上的工作，尤其是當他們認為這些工作很重要的時候。

在公司擔任越高階的管理和領導職位，你的工作越傾向於確保組織朝正確的方向前進，這包括在必要時刻改變前進的方向。為此，你必須向團隊清楚傳達方向何在，確保他們確實理解，並採取必要措施來調轉方向。向團隊詢問這個變化將影響哪些專案，幫助你向上級回報新優先級的影響範圍。這能促使你的管理團隊去真正地考慮新的倡議，並著手進行規劃。向發起人詢問這個倡議的預期目標，思考如何將這些目標和正在進行中的工作相結合。

最後，在一件事被真正被人理解之前，永遠不要低估你需要用多少種方式傳達多少次。企業溝通是一道千古難題。以我的經驗來看，大多數人至少需要聽三遍才能真正理解一件事。你得告訴高階管理層和領導團隊，你得召開全體會議，你可能還需要送出數封電子郵件，詳細說明這些變動。在這種情況下，事先做點溝通規劃大有助益。試著預測你可能會被問到的問題，準備好你的回應。盡可能清楚瞭解將發生改變的專案和架構，避免造成人們認知上的混淆。還有，別忘了積極推廣新的變化！

向上層溝通時，你也必須反覆傳達資訊。如果想請老闆對某件事採取行動，在他真正聽進之前，同樣的請求你可能要強調三次。也許當你講第二遍之前，問題自行解決了，但如果你說了第三次，這可能表示必須採取更大的行動。你可能會驚訝地發現，其實你對手下團隊的態度也是這樣。許多問題向你迎面而來，接著自行解決，所以你可能會認為在出手介入之前，團隊需要一定程度的自力救濟。我不是鼓吹你將「三次法則」奉為圭臬，但無論你是否有所準備，這確實是一種常態。

組織規模越大，就越難迅速地改變工作的優先級。假如你服務於一家成長中的新創公司，改變優先級的緩慢進度，經常令公司創辦人暨 CEO 感到沮喪。處理這種情況的最佳辦法是積極地讓 CEO 瞭解組織／團隊正在經歷些什麼，以及產生這些事情的原因。盡你所能讓 CEO 明白，你確實理解他的當務之急，並告訴他你正在採取哪些具體措施來滿足這些優先事項。

制定策略

2014 年夏天，我在 Rent the Runway 公司擔任工程副總裁一職，當時面臨了一個巨大挑戰。CEO 告訴我，她想在下一次董事會提拔我成為首席技術長。作為升職條件，我必須向董事會發表技術策略規劃。接著，她駁回了我每一次提案，直到我最終交出的技術策略規劃符合她的標準。

我曾經納悶過，她何必讓我經歷這重重考驗。董事會很滿意我的技術能力，很高興看到我讓團隊成長，讓技術開發工作變得穩定，工程團隊能夠高效發布功能。後來，我非常感激她給了我這份升職課題。在這個過程中，我從一開始對於設定策略感到懵懂茫然，到最後能夠規劃出一個具體的、具有前瞻性的策略，宏觀思考技術架構和工程團隊的組織架構，後來，這一份技術策略也影響了公司自身對整體組織架構的規劃。

對於高階領導力來說，對於「策略」的思考是一項關鍵要素。大多數人對於制訂宏觀策略感到茫然，不知該從何處著手。當時的我也不知道。我尋求 CEO 和 CTO 的指導，懇請他們擔任我的教練。我向管理團隊同仁徵求建議。我向工程團隊的資深成員提出假設性問題，依此探索更細緻的問題。我當然不是孤軍奮戰。所以，鑑於我的經驗，制訂策略這項任務究竟是怎麼一回事呢？

做好扎實功課

我從思考公司、團隊和現有技術開始。我詢問工程團隊，他們的痛點是什麼？我問了好幾個不同領域的管理高層，他們認為公司未來成長領域是什麼？接著，我問自己幾個問題。我思考著現階段的擴展挑戰是什麼，未來的挑戰又是什麼樣子。我檢視工程團隊的工作，找出阻礙生產力的瓶頸。我分析目前的技術發展現狀，預測未來前景如何變化，特別是關於個人化推薦和移動開發的技術前景。

結合你的想法

對於現有系統和團隊有了充分瞭解，清楚瓶頸何在，並且設想一些能夠提升效率、擴展功能或改善業務的領域後，我以這些資料為依據，對未來的可能性提出一個粗略的想法。我花了一些時間獨自坐在房間裡，對著白板或紙張，畫出公司現有系統，根據不同的屬性，以各種方式規劃系統和團隊的配置。舉例來說，我依

照客戶屬性，將所有系統分為兩類：面向外部客戶的系統和面向內部營運的系統（如倉儲系統和客服工具）。我將系統分成前端和後端。由於 Rent the Runway 的技術必須運用大多數業務資料進行模擬，我意識到自己對於資料的流動和變動方式以及可能的發展方向有了一套獨特見解。

草擬策略

手握這些資料後，我得以規劃切實可行的想法來提升營運效率、擴展功能和發展業務。我思考哪些地方或環節是我們希望限制或擴大資訊共享。我們希望個人化推薦系統即時運行？還是讓個人化系統更接近於對子資料集的視圖調整？我們該如何在資料流各部分中善用各種產品和營運屬性，取得營運資料和個人化輸入值，創造更好的使用者體驗？對於這些問題的思考促使我檢視業務架構、（內外部）客戶需求以及未來的技術演進。做好大量研究，並歸納出自己的推測，將各種因素都列入考量，我得以規劃出一個能夠因應未來技術發展的技術策略。

考慮董事會的溝通風格

剛剛說過，當時 CEO 退回了我無數次策略規劃方案。這是真的，因為有兩件事無法達到她的標準。第一，技術策略規劃不足。當時我的方案幾乎只著墨在系統和架構的技術面細節，甚少提及六個月至十二個月以後的前瞻性看法。這份技術規劃當然也沒有討論對團隊成敗至關重要的業務驅動因素（business driver）。第二，簡報呈現風格。我習慣準備資訊密度較低的簡報，讓聽眾專注聆聽我的口頭分享。Rent the Runway 的董事會喜歡資訊密度很高的投影片。公司董事們在參加會議前詳讀簡報內容並非罕事，如此一來，在會議上他們更能專注規劃細節而不是簡報表達。當時的我並不明白這一點，所以白費許多精力準備去蕪存菁的簡報內容。我學到了寶貴的一課。

這個故事告訴我們，完善的技術策略必須兼顧幾件事。它必須著墨於技術架構，這是自然。它也必須討論團隊架構。它還必須理解業務基礎和發展方向。對於以產品為中心的公司，我喜歡將它們的技術策略形容為「為公司業務未來實現無數可能性」的規劃方案。這不僅僅是一份解釋現階段問題的報告，而是更著眼於業務未來的成長，並為其提供實踐方案。如果你恰好服務於以產品為中心的公司，這將是擬定技術策略的核心關鍵。這份策略的目的，不是為了實際決定產品發展走向，而是幫助宏觀的產品路徑圖得以成功推展。

從很多方面來說，最難的部分在於「開始」，不過，千里之行始於足下。第二個難處是，如何運用極其不完善的資訊，預測未來，你必須持續練習，試著適應並感到自在。這種制訂策略的經驗，讓我學習到如何以前瞻性思考的方式領導組織與團隊，而不再是被動式領導，只對已知環境作出反應。現在，我知道作為一個技術架構，作為一個團隊，以及作為一個公司，我們應該朝向哪個方向邁出步伐。

當我為自己釐清這個技術架構之後，領導人們這件事就變得容易許多。此時的我，能夠向工程團隊充分展示技術平台的發展前景，而不僅僅只關注產品路徑圖的變動。除了讓技術發揮效用之外，我還明白如何運用技術讓公司得以持續前進。這個架構帶動了公司裡技術組織的組織架構規劃，最終影響了公司整體組織策略走向，我很自豪能夠發揮影響力。

挑戰：傳達壞消息

我們一定都經歷過不得不向團隊傳達壞消息的時刻。也許公司準備裁員。也許團隊面臨解散，以便安排更多人手去支援其他專案。也許公司發布了一個眾人絕不樂見的政策變動。我們之前談過的路徑圖異動有時候也屬於壞消息。身為經理的你，必須成為傳達壞消息的信使，而你知道這會讓團隊感到不快。

在這種情況下，你會怎麼做？說到底，關鍵在於「溝通」。身為高階領袖，你必須具備出色溝通技巧，妥善地向組織眾人傳達敏感訊息。以下是一些注意事項：

- **別向一大群人拋出不近人情的訊息：**透過電子郵件或聊天室（尤其是具有留言功能的溝通工具）傳達壞消息是最糟糕的溝通方式。你的團隊值得直接你親自開口傳達訊息，如果疏於引導人們解讀訊息，很可能釀成誤會與敵意。有鑑於此，第二種糟糕方式是向一大群人拋出壞消息。你可能會認為，一口氣告訴所有人，可以防止壞消息四處傳播，但以結果來看，這種溝通方式非常不近人情。你很難觀察所有人的反應，在人們確實理解訊息之前，只要一兩位對壞消息深感不悅的成員，就可能煽動整個團隊的怒火。

- **努力與個人交流：**避免在大場面毫無人情味地宣布壞消息，盡你最大努力與人們單獨討論變動。想想哪些人的反應可能最激烈，試著以他們能接受的方式傳達訊息。和他們進行一對一會議，給他們時間和空間去消化訊息，提出問題或反應，讓他們直接從你口中知道一切。如有必要，請清楚告知他們，這是一道命令，即便不喜歡這些異動，人們仍須接受並投入這些變化。在你需要將訊息傳達給整個組織的情況下，在召集所有團隊之前，請先提供談話要點給你的下屬（團隊經理），請他們先行與團隊透露，讓人們有所準備。

- **不要勉強自己傳達無法支持的訊息：**也許你也不喜歡這個壞消息，所以發現自己很難向人們開口。也許你強烈反對某個政策變動。也許你討厭團隊即將解散的事實。如果你無法掩飾自己的情緒，你大概需要尋求別人幫助，一起傳達壞消息。你可以邀請另一位管理高層，或者請 HR 部門介入。根據團隊規模，你可以將訊息透露給一位值得信任的中階下屬，請他幫忙傳達。身為高階領袖，你必須學會成熟地應對你不同意的決策，但這不代表你只能孤身奮戰。

- **對可能的結果坦誠以待：**你越能坦然面對壞消息，越容易對可能的結果保持坦誠。如果公司準備裁員，向人們承認這件事令人難受，但這是讓公司繼續生存下去的必要之舉。假如某個團隊即將解散，列舉團隊截至目前為止的成就，說明變動將帶領人們朝向正確方向前進，並強調現階段將出現許多新的學習和成長機會。坦誠面待人們，能讓他們更加信任你，更能接受令人不快的壞消息。

- **換位思考：**想想你希望如何被告知壞消息。也許某天，你不得不告訴眾人，你即將離開。事實上，你可能早就有過辭職或跳槽的經驗。你如何傳達這個消息？你傳過備忘錄（memo）嗎？嗯，也許你傳給 HR 了。假如你認為在正式公告之前，應該先知會團隊其他人的話，你可能會把人們拉到一旁，當面告知這個消息。你可能會有一個告別派對，寫了一封道別信，或者給團隊最後一次演講，分享你在公司期間學到了什麼。在某些情況下，只要你能展現優雅風度，得體應對這些壞消息，慶祝這些悲傷的變化也無妨。向團隊傳遞嚴肅消息時，不妨多加應用這些經驗。

請教 CTO：我的大老闆沒有技術背景

我第一次遇上沒有技術背景的老闆，和對方互動好難，請問我該如何有效經營這段上下級關係？

我遇過第一位完全沒有技術背景的經理是 Rent the Runway 的 CEO，她是我的上級。初次向非技術經理人匯報猶如經歷一場文化衝擊。萬幸，以下有些最佳實踐可供你參考，幫助你經營這段關係：

- **不要用技術行話隱藏重要資訊，對細節保持謹慎：**你的新老闆一定很聰明，但他大概對技術行話沒什麼耐心，也不太有興趣聽完所有技術決策的細微差別。你要學著辨識有價值的資訊，去蕪存菁，高效溝通。

- **準備和新老闆一對一會議，請準備好討論話題**：日理萬機的管理高層很難擠出時間和你聊聊，光是安排一對一會議就是一項艱鉅討挑戰，所以，把握好會議的每分每秒。你大概預期雙方都帶來特定話題在會議上討論，然而不見得每次會議都是如此，所以請自己做好準備一份話題清單。假如你的一對一會議不受重視，請提前發送會議議程，提醒老闆，你需要他／她的關注。和他／她的行政助理保持良好關係決定不會有壞處！

- **試著提出解決方案，而不是回報問題**：CEO 們通常不想聽到事情為何失敗，也不想費神聆聽你和同仁的意見分歧或管理困境。假如你的 CEO 對於「問題」不感興趣，請意識到你不見得能向他請益關於管理實務的建議，去尋求其他人的幫助吧！話雖如此，也請不要逃避溝通壞消息。

- **尋求建議**：這聽起來和我上一條「提供解決方案」的建議似乎背道而馳，但沒有什麼比尋求建議更能展現你的尊重了。你的老闆大概不想陷入幫你解決問題的窘境，但我敢打賭，如果你以「尋求建議」的方式提出請求，他／她肯定很樂意提供回饋。

- **別害怕復述你說過的話**：你提出的一則重要議題似乎被忘記了，假如它真的非常重要，別怕，再提一遍吧！你大概需要重複幾次才能得到注意力，通常復述「三」遍就能神奇地得到回應。

- **提供支援**：積極詢問哪些地方你能多幫忙。盡可能展現你對老闆和公司的支持。

- **積極尋求別處的指導和技能發展機會**：你的上級不再是「經理」，而是「老闆」。第一次進入高階領袖層級時，你可能仍需要學習或拓展特定技能，不妨尋求企業教練的指導、參加培訓，在公司外建立同儕團體，支持你勇闖這個全新的領導領域。

跨部門的高階經理人

踏入高階管理的世界後，在我與高階領導團隊其他成員建立關係的過程中，我得到了非常多啟示與領悟。由於公司具備龐大且多樣化的領導團隊，我結識了許多位高階領袖，我也有幸和景仰已久的跨部門同仁共事。我透過兩種互動方式學習與他們相處，和其中一些人建立了良好交情。

比起公司中其他任何團隊，位於高階領導層級的人們，更需要積極實踐「齊心協力」的團隊精神（請參見第 6 章）。他們首先得致力於公司事業的成功發展，其次，致力於各自部門的成功，將這兩項要務銘記於心，為整體業務的成敗做出貢獻。派屈克・藍奇歐尼（Patrick Lencioni）的領導學著作《團隊領導的五大障礙》（*The Five Dysfunctions of a Team*[2]）描寫了這種團結一心、有效運作的團隊。儘管多數人都有過和其他工程經理們「齊心協力」的團隊經驗，不過，在高階領導層中，我們通常是第一次和來自各部門的高階經理團結一心，況且每個人的工作方式可能大相徑庭。團隊中很少或沒有同是工程背景的同仁，難免讓人感到孤立無援。

話說回來，和跨部門同仁合作愉快是什麼感覺？首先，你們讓彼此在各自領域擁有話語權。我們之中許多人在職涯發展早期即領會了這一點，那時，我們必須和資深設計師、產品經理或其他業務團隊成員合作。假如你尚未掌握「讓同仁展現各自專業」這件事，現在正是時候。牽涉到她的領域或專業，給予尊重是最基本的禮貌。即便你不同意她的管理風格，假如這件事並沒有直接影響到你的團隊，請當作你的好朋友碰巧和一個你不見得滿意的對象約會一樣。除非她主動徵求你的建議，否則盡量不要插

2　Patrick Lencioni, The Five Dysfunctions of a Team: A Leadership Fable (San Francisco: Jossey-Bass, 2002).

手干涉，當然，請記得友善應對你選擇提出來的任何分歧，保持尊重。

當然，總有你不同意的時候。分歧發生的場合可能是一對一會議，或是高階領導層的團體會議。在這些會議中，對於企業策略、公司面臨的挑戰以及發展方向，你可以發表不同意見。假如數字（如目標成長、目標業績）不合理，提供會議內容的前後脈絡，向 CFO 請益，並記得捍衛你的技術決策和路徑圖。

除了信任個人專業之外，信任的第二個要素在這時浮出水面。《團隊領導的五大障礙》一書中，藍奇歐尼指出，缺乏信賴是讓團隊窒礙難行的致命障礙。此時所缺乏的信賴，是相信「其他高階管理同仁積極為組織竭盡所能，做出最大貢獻，他們不會操弄局勢、不暗中動手腳、不會貶低或排擠你，或以其他方式為所欲為」。因此，除了尊重這些高階經理人的專業，不要對他們的領域指手畫腳，你還必須屏棄這種負面觀點：假如他們不同意你的意見或不喜歡你的作為時，他們會以非理性或利己的方式行事。

建立這種基本的信任不是一件簡單的事。也許你和一些同仁的互動產生摩擦，經歷某種程度的文化衝突。身為技術長必須關注的價值，和財務長、行銷長、營運副總裁等人的價值理念可能略有不同。當極其注重分析和邏輯性的一類人遇上更具創造力或以直覺行事的人們，非常有可能產生理念爭執或行事衝突。另一種是文化衝突情境可能是，有些人重視敏捷性和變動（有時這意味著「失序」），有些人更傾向於長期規劃，對交付期限和預算深思熟慮。你必須學會理解和信任所有人的工作風格。

學會尊重不同部門的同事，保持良好溝通，這件事經常讓工程師們苦苦掙扎。難以尊重其他專業大概是當今技術氛圍的副作用，全世界（工程師）似乎認為「工程師是團隊裡最聰明的人」。然而，強調幾千次都不為過：不像你一樣擅長注重分析和邏輯的同

仁也並不傻。反過來說，假如我們不足以讓非技術同仁理解我們的想法，這只會讓我們陷於不利窘境。向非技術同仁或根本不需要懂技術的人，拋出無數個技術行話，只會讓他們覺得我們很蠢。因此，我們需要運用智慧，找出一種讓非技術同仁也能輕鬆理解的溝通方式，讓他們明白我們工作的複雜性。

培養信任和尊重，讓團隊齊心協力的最後一個要素是設立「錐形靜默區」（cone of silence）。核心領導團隊中的意見相左不可波及大團隊。一旦作出決定，我們都必須為實踐這個決策而全心全意付出，在工程團隊和組織其他人面前建立起統一戰線。這件事說起來容易，做起來難——我經常很難隱藏自己和管理高層其他人的意見分歧。在你不順心的時候，尤其是當你感覺自己的意見沒有被接納時，放手是很難的，而且這種情況時不時就會發生。在這個階層上，你必須決定自己是選擇站隊還是乾脆退出。保持中間立場，也就是公開表達你的不支持，只會讓情況對所有人都不利，完全於事無補。

仿效效應

身為組織裡最資深的人物，你的言行舉止會受到無數注目，人們會把所有注意力都集中在你身上。他們向你尋求認可，努力避免被你批評。位於此管理層級的人說，調整心態是一項挑戰，將自己的定位從「團隊中的一員」調整為「主持大局的人」。

你不再是團隊中的一員了。你的「第一團隊」是領導階層的同仁，「第二團隊」才是你的直接部屬。如果你成功地調整心態，你大概會發現自己和整體組織拉開了一些距離。當團隊舉辦 Happy Hour 等社交活動，你經常快速露個面，喝個一杯，不久留，讓團隊自在社交。我強烈建議你避免和團隊一起待到酒吧關門，因為這往往對所有人都沒好處。在工作時間之餘和團隊進行大量社交活動，已經是過去式了。

出於以下幾個原因，你不得不和人們拉開距離。首先，假如你不避嫌，你可能被控「偏愛」某人，落人口實。事實上，如果你對團隊中向你匯報的人們保持非常密切的交情，你真的難免偏心。保持距離令人難受，我懂。也許你不在意外界看法，但就我個人經驗來看，我發現，如果團隊認為我在偏袒而感到不快，這種觀感會讓我的工作難上加難。

保持距離的第二個原因是，你需要學習有效領導，讓人們認真看待你說的話。在高階領導層級帶領人們的一大缺點是，僅僅一句點評就可能全盤改變人們的工作焦點。這並不好，除非你確實意識並善用這一點。假如你極力經營一個「好麻吉」形象，你的下屬不見得能區分什麼時候該把你當作夥伴，靜靜聽你說出心中想法就好，而什麼時候該把你當作老闆，按照你的要求去專注某事。

保持距離，表示你該謹慎思考把時間投注在何處。身為高階領袖，你經常「吸走房間裡所有氧氣」。你的出席會改變整個會議的基調氛圍和架構。身為團隊成員時，你的想法或提案需要被團隊評估，也可能遭到拒絕。假如你沒有意識到自己的身分轉變，在某次會議上即興地進行了一次腦力激盪，最終，你可能過於武斷地導致專案方向發生改變。這感覺很糟，我懂！不過，你的身分已不再是「團隊中的一員」了，這雖令人沮喪，卻是你必須面對的現實。

如果你曾在賈伯斯時代的蘋果公司工作過，你可能會聽到人們提到「賈伯斯」，以及他一句話就能決定專案的生殺大權。蘋果員工舉著「賈伯斯」的大旗，當作公司應該做些什麼的道德指南針，爭論應該支持或否決哪些決策。由你打造和強化的文化風氣，會對公司產生這類影響。人們也許不會直接提及你的名字，但你選擇在團隊面前展現的行為舉止，會讓他們有樣學樣。如果你大吼大叫，他們會理解為斥喝苛責是 OK 的行為。如果你不怕犯錯，願意坦白道歉，他們會知道犯錯是可以被接受的。針對提

案，如果你持續問同一套問題，人們會逐漸拿這套問題反問自己。如果你更注重某些角色和職責，滿懷抱負的人們會竭力爭取這些職位。謹慎運用你的影響力。

除此之外，還有其他原因。你將成為做出艱難決策的一份子，這些決策對公司整體事業發展影響甚巨，而這些決策可能讓你感到壓力很大。和公司其他人討論這些決策並不合適。你可能很想向那些你認為是朋友的下屬訴苦或抱怨，但這不是一個好主意。身為他們的領袖，如果你將他們無力解決的憂慮說出來，只不過是徒增下屬的煩惱，還可能減損他們對於工作的信心。在中階或基層管理層級，秉持公開透明的原則其實是件好事，但到了高階領導層級，無謂的資訊透明可能動搖團隊軍心，造成難以置信的傷害。

你不再是「團隊中的一員」，但這並不意味著你應該停止關心團隊，請意識到他們都是和你一樣有血有淚的人。事實上，我鼓勵你更積極去關心人們，即便是小小的舉動。盡力花些時間去瞭解人們，關心他們的近況、家庭、愛好興趣，讓人們感覺自己被尊重、被在乎，組織很在乎他們的感受。

當你和團隊越來越拉開距離，你很容易忘記團隊成員都是活生生的人，而不是沒有感情的小螺絲釘。當他們的領袖不再把人當人，不在乎人們的感受，人們自然感覺得出來。如果員工覺得沒有人真正關心他們，他們不大可能為工作鞠躬盡瘁，不再願意冒險來共度難關。培養與人們的情感連結，不要只談論目前專案的進度或工作成果，對他們的個人感受表示關心，即便是看似很表面的問候也很有幫助；人們會感受到，你知道他們除了工作之外也有自己的生活。這種對個人的關心，反而能夠幫助你在情感上不過度依賴個人。身為高階領袖，難免得做出艱難的決定（如裁員、解散團隊），而你的團隊值得一位在艱難時刻仍舊保持友善與風度的領導者。

此時的你，是人們眼中的行為榜樣。你想培養怎麼樣的領導者？你想為人們留下些什麼？

以恐懼統治，以信任引導

卡米兒認為自己是出色的領導者：懂技術、有領導魅力，具有決策力和執行力。但有時候她的脾氣很暴躁，當人們的表現不符合她的期望或當事情出了差錯，她經常流露不滿情緒，公開地發脾氣。她沒有意識到這種鋒芒畢露的急躁性格讓人們害怕。他們不想因為犯錯而受到指責或公開批評，所以人們選擇不再冒險，藏起失誤。卡米兒在無意中建立了一種恐懼文化。

麥可也是一位優秀領導者：懂技術、有領導魅力，具有決策力和執行力。他還擅於保持冷靜。當事情似乎進展不順時，他不會因此緊張或暴怒，而是變得好奇。他的第一直覺是提出問題，這些問題通常能幫助團隊自行意識到哪些環節出了錯。

以上故事都是真的，第一則故事是我的親身經歷：當我成為高階領導者後，我曾在無意之間創造了一種恐懼的文化。以下內容摘錄自我所收到的第一次績效評估回顧：

> 團隊中喜歡你的人也承認，你讓人感到畏懼，害怕從你口中聽見批評。人們害怕在你面前冒險或失敗，因為他們害怕在團隊面前被公開喝斥。你的批評造成一種負面的文化，團隊成員不敢和你互動，不敢問問題，也不敢向你尋求回饋——這導致了「你不信任他們，而他們一直犯錯」的惡性循環。

你可以想像，聽到這一番話，有多麼令人震驚和不適。雖然我可以找很多藉口，比如人們對女性的批評更為嚴厲、金融業的風氣就是如此、大家都要學會武裝自己等等，但顯然有地方出了問題：人們不再敢於冒險。假如你想要建立一個獨立的、能設定方向並勇敢前進的團隊，你得讓人們勇於冒險。

你要如何知道自己正在創造一種恐懼的文化？對於「正確」和「恪守規則」的高度重視，以及嚴格「上對下式領導」模式的偏愛，極有可能醞釀出這種氛圍。我還認為，如果工作環境積極鼓勵或公開允許衝突，也很有可能創造出恐懼的文化。工程團隊的工作文化普遍鼓勵公開討論問題，以此解決衝突，因此來自工程背景的領導者可能相當習慣這種文化，可以針對問題和人們爭一番高下。遺憾的是，當你成為領導者後，你的身分變化也改變了團隊的文化氛圍，那些在你還是個人貢獻者時願意和你公開討論的人，此時很可能礙於你的領導者身分而倍感威脅，不再願意發聲。

矯正恐懼文化

- **練習「設身處地」**：「不把人當人看」是一種恐懼文化的標誌性行為。在我的管理職涯早期，我有一個過度重視效率的習慣。我想盡快解決手頭問題，直接切入討論環節，就目前的進度更新，直接討論問題。我不願意多花時間閒聊，也沒有花時間去認識我的團隊，更沒有花時間讓他們認識我這個人，結果，我和他們沒能建立交情。

  如果你想擁有一個敢於冒險、敢於犯錯的團隊，核心關鍵就是建立歸屬感和安全感。這表示你需要花一些時間去和團隊談心。去認識他們，也讓他們認識你。大多數人害怕冒險，害怕因失敗而遭受拒絕或冷落。有意無意地，由於我沒能和團隊成員建立最基本的交情，他們沒機會瞭解我對於犯錯、問題或失敗會有什麼反應，因而感到害怕，不願意冒險。

- **道歉**：當你搞砸某件事，表達你的歉意。練習真誠而簡潔的道歉。

  「對不起，我不應該對你大吼。我不能為自己的錯找藉口。」

「對不起，我沒聽你的，造成你的沮喪，很抱歉。」

「對不起，我忘記把鮑伯的事告訴你，是我的錯。」

道歉不需要冗長繁瑣。一個簡潔的道歉就能讓你負起責任，對你所造成的局面或傷害表達歉意。如果道歉拖拖拉拉，往往會變成藉口或轉移話題。道歉的目的是向人們表明，你知道你的行為對他人造成影響，也是為了樹立一個榜樣，讓他們知道不是不能犯錯，而是在傷害到其他人時，你應該好好道歉。你向團隊展示道歉不會讓人變得弱小，而是讓整個團隊更加堅強。

- **保持好奇：**當你不同意某事時，先停下來找原因。不是每一次分歧都會威脅到你的權威。如果你肯花時間去瞭解更多資訊，你經常會發現自己是對自己並不真正理解的東西做出反應。對於我們之中無比在乎「做正確的事」和「最好的決定」的人，屢屢抨擊我們不同意的事情，只會和初衷背道而馳，讓工作變得更難。當我們選擇攻擊，人們則選擇逃避或退守，他們會解讀你的攻擊行為，認為向主管／領導者隱藏資訊是上上策，這樣才不會遭受攻擊或批評。當你選擇保持好奇，並學著將不同意轉化為發自內心的提問，你得以認識更多觀點，因為你讓團隊願意敞開心扉。這個方法讓你獲取最多資訊，並幫助每個人做出最佳決策。

- **學習讓人們當責，但不讓他們感到丟臉：**身為一名領導者，你期待團隊做好份內工作。如果他們未能善盡職責，你將是讓他們負起責任的那個人選。但「負起責任」這件事不僅僅是責任和後果的交集。這個過程中還有其他你必須關注的要素。如何衡量成功？團隊是否具備成功所需的能力？你有沒有持續提供回饋？我認為許多領導者忘記了這些條件，誤以為只要設定好目標，基層團隊自然會實現它，或是認為經驗老道的團隊就不需要多費唇舌提供回饋。

想一想，你是否曾經讓某個人或某個團隊因為失敗而成為「眾矢之的」？你有責任讓他們成功，但你有意識到你的責任嗎？當一切條件都滿足，你們也各自盡了最大努力，我敢打賭，你們會發現，「當責性」和人格特質判斷並沒有太多關連，因為此時，你們應該都能清楚看出問題究竟出在何處。

恐懼文化在科技領域非常普遍，在一切進展順利的環境中生存得最好。不要被誘發不良行為的外部環境迷惑了。如果你令人畏懼又受人尊敬，公司正在飛速成長，團隊正在解決有趣的問題，你大概能在恐懼文化中順風順水好一陣子。然而，假如沒能滿足以上任一條件，你大概會看到，人們紛紛出走，另擇良枝。我深刻知道，如果團隊因周遭發生的變化而受挫，受人尊敬卻令人畏懼的你，不足以帶領好團隊度過困境。所以，請努力磨去你的稜角，練習關心你的團隊，保持好奇心。建立信任文化需要時間累積，回報非常值得。

真正的北方

有時，人們忽略了高階領導的其中一個核心角色。這個角色由各部門的資深領袖（如 CTO 負責技術、CFO 負責財務等）扮演，負責設定各自職能部門對「卓越」的定義。我將其稱為「真正的北方」（True North）。

「真正的北方」代表某個職位的人在履行職責時必須銘記於心的關鍵原則。以產品部的領導者為例，「真正的北方」包括將使用者和他們的需求放在首位，盡可能進行評測和實驗，擋下那些不能實踐團隊既定目標的專案。以 CFO 為例，「真正的北方」包括檢視財務數字、工作成本與潛在價值，以及確保這些數字（花費或預算）符合公司利益，公司花費不會意外超支，團隊知道何時會有超出預算的風險。

對技術領袖來說，「真正的北方」意味著確保投入生產環境前的一切工作都完善到位。這表示，你遵守了那些已取得共識的審核規則、營運監管作業和測試規定。這表示你不會把沒準備好讓使用者體驗的東西投入生產環境。這表示，你正在打造令你自豪的軟體和系統。

技術領袖必須幫助他們的組織為不同類型的專案和風險設定標準，找到「真正的北方」。另一種思考模式是風險分析。執行風險分析不代表我們就不冒險。有些「壞事」在特定情況下，其實無傷大雅。這些風險包括：

- 單點故障

- 已知 bug 和問題

- 無法承載高流量

- 丟失資料

- 發布未充分測試的程式碼

- 效能緩慢

在某些情況或某些公司中，以上風險都在承受範圍內。也就是說，「真正的北方」幫助我們理解，當我們將程式碼發布到生產環境時必須仔細考慮的所有面向。凡事雖有例外，但仍不可忽略這些規則的存在。

我將這個概念稱為「真正的北方」，請將它理解為一種潛在的吸引力、一種指導方向的直覺，這是身為領導者的我們隨著資歷而累積的能力，同時也是作為一個整體的團隊能夠習得的能力。當團隊逐漸訓練出這樣的本能，他們能夠贏得信任，獨立地遵循這些指導原則，不再需要過多的上級指導或提醒。

每個職能部門眼中的「真正的北方」略有不同，因此組織運作出現摩擦是很自然的。產品經理可能更注重使用者體驗，而不是生

產系統的支援工作。財務團隊可能更關心基礎架構的總成本，而不是可用性的風險。這些都是健康的摩擦，迫使我們全面考量所有風險，而不僅僅關注我們所在職能部門的風險。

站在領導者的角度，審視自己如何定位「真正的北方」，能夠幫助你瞭解自己的優勢和所有權領域。如果你自認是位技術領導者，那麼你的一部分職責是為組織內關鍵技術的大方向設定「真正的北方」。身為電子商務公司的技術長，我將「真正的北方」定位為諸如生產準備、擴展性、系統設計、架構、測試和語言選擇等最基本的技術決策。這並不表示我得做出所有決策，我的任務是指導這些決策的評估標準。我授權給負責行動應用和 UI 開發的經理，讓他們去推動「真正的北方」，讓這些領域的資深技術人員去闡明工作標準應該是什麼樣子。

懂得「真正的北方」的領導者，在無暇深入研究所有細節的時候，依靠長年積累的智慧和經驗，做出快、狠、準的決策。如果你期許自己成為這樣的領袖，你必須在職涯早期投入足夠的時間來磨練這些直覺，進而輕鬆地作出決斷。這表示，你必須維持技術敏銳度，持續跟進專案進度、深入認識語言或框架，不要只懂個皮毛。即便你的日常工作已經不包括實際的程式碼開發，也要督促自己不斷學習新的東西。

建議書單

- 亞賓澤協會《有些事你不知道，永遠別想往上爬！：破除「自我欺騙」盲點，簡單解決職場困擾，提升面對問題能力》
- 布芮尼·布朗《脆弱的力量》
- 彼得·杜拉克《杜拉克談高效能的 5 個習慣》
- 馬歇爾·戈德史密斯《沒有屢試不爽的方法 成功人士如何獲得更大的成功》

- 安德魯・葛洛夫《葛洛夫給經理人的第一課：從煮蛋、賣咖啡的早餐店談高效能管理之道》
- 大衛・馬凱特《當責領導力：不只要授權，更要賦權，養成部屬學會當責》

評估你的個人經驗

- 到了這個階段，協助你個人成長的教練和指導極有可能來自公司外部。你的頂頭上司不再是主管，而是大老闆。你有尋求企業教練的幫助嗎？即便公司沒有報銷指導費用，這也是一項非常值得的投資。因為你付錢請他／她聽你說話，不像和朋友訴苦取暖，教練能給你專業的指導，並且不拐彎抹角地給你回饋。

- 除了教練之外，你有經營公司之外的同儕網路嗎？你認識行業裡的其他高階領袖嗎？同儕團體能幫助你認識這份工作在其他公司會是什麼樣子，這裡是你分享經驗和獲得建議的好地方。

- 你有沒有特別景仰或敬佩的技術領袖？你欣賞哪些地方？你能做些什麼來效仿？

- 回想一下，最近一次為團隊改變優先級是什麼時候。結果如何？哪些地方進展順利、哪些地方受阻？你如何向團隊溝通這個變動，他們的反應又是如何？如果能重來一次，你想要改變什麼？

- 在可預見的未來裡，你對業務的瞭解有多深？你夠瞭解有助於實踐目標的技術策略嗎？團隊關注的關鍵領域是什麼，是功能開發速度、效能、技術革新、還是人才招募？哪些領域需要持續努力，才能實踐企業目標？技術和業務發展的瓶頸和機會在哪裡？

- 你和公司高階領導層的其他成員關係好嗎？哪些人你處得來，哪些處得不來？你能做些什麼努力，改善糟糕的關係？

你對團隊成員注重的優先級有多了解？你認為他們瞭解你看重哪些優先級嗎？

- 假如我問你的團隊，你和哪些高階領袖相處融洽，和哪些人水火不容，他們能毫不猶豫地告訴我嗎？當 CEO 或領導團隊做出你不同意的決策時，你有能力將你的不同意拋諸腦後，運用專業和理性去支持公司其他人所做出的決策嗎？

- 你是團隊的好榜樣嗎？ 如果人們模仿你的行為，你會感到高興嗎？當你旁聽團隊會議時，你傾向主導會議對話，還是更願意聆聽和觀察？

- 最近一次和不常交談的人聊到工作以外的個人生活是什麼時候？上一次有人寫信告假，你有沒有多花一分鐘回覆，祝他／她早日康復？

- 你希望資深工程師在評估工作和決策時考慮哪些核心原則？假如你的工作更偏向組織管理，你希望經理們在領導團隊時遵循哪些基本的管理原則？

塑造文化

成為高階工程領袖之後，其中一項工作就是為技術組織塑造文化。新手 CTO 經常犯的一個錯誤是，未能深思熟慮，低估了工程團隊文化的重要性。無論是從零開始培養一個新團隊，或是對現有團隊進行改革，忽視團隊文化只會讓你的工作難上加難。隨著團隊日益茁壯發展，團隊文化於其中扮演關鍵角色，正如其他不可或缺的基礎架構一樣。

在 Rent the Runway 服務的時期，我曾有幸帶給工程技術團隊許多文化要素。在我加入之前，團隊仍以典型、無架構化的「雜亂無章的新創公司」模式運行，所以我得以向團隊與成員們導入許多文化上的架構和實踐。這對我來說是一次美好的學習體驗。

許多受新創企業文化所吸引的人們，通常認為「架構」和「程序」毫無意義，甚至有害成長。我讀過一些針對新創企業的調查報告，人們對於導入架構的看法經常是「緩慢」、「阻礙創新」等反應。受訪者認為，架構是讓大公司發展緩慢、官僚主義滋生、讓聰明人對工作感到無趣的原因。

和懷疑論者聊到架構時，我會試著轉換說法。與其說是「架構」，我選擇形容為「學習」。與其說是「程序」，我試著討論「透明化」。我們並不是因為架構和程序自有內在價值而不得已建立系統。我們之所以建立系統，是因為想從錯誤經驗中吸取教訓，分享成功經驗，並以公開透明的方式將這些體悟紀錄

下來。隨著時間推移，這種系統化的學習和共享，令組織運作更加穩定，更容易擴展規模。

除了提供建立架構和程序的方法之外，我也希望幫助你探索關於企業文化的個人哲學。想要打造健康的團隊，首先你必須清楚，對於你自己、公司和同仁們來說什麼事情是重要的。不僅要考慮如何實踐眼前任務，還要考慮，隨著公司和團隊的發展，應該如何有效地擴展組織經驗，傳承和共享知識和工作成果。你會試著應用架構和程序並從中學習，然而，如果腦海中沒有一個基本理論可供測試，而且沒有著手證明或否定關於這理論的假說，那麼你很難吸取經驗，從中學習。因此，讓我們以科學實證的方式看待「塑造文化」的課題，以符合理性邏輯的方式考量你可能需要的文化要素。

位於企業發展早期階段的新創公司，以工作上的高度自由，吸引著那些有能力處理極高不確定性和風險的人。無論創業點子在提案書上多具說服力，都不能永久保證公司一定會成功，甚至不能擔保公司能在競爭下倖存。潛在市場通常未受檢驗。有些跡象看似不錯，還有些跡象看起來一塌糊塗。同時還要面對來自其他大大小小的公司的激烈競爭。此外，在新創組織中，幾乎沒有現成工作可以借鑑，一切都要自力更生。程式碼尚未被寫出來。業務規則還沒拍板定案。即便是一家已經成長好幾年的公司，仍有無數決策需要研議，這絕對不是誇大其詞。從決定技術框架到辦公室如何裝潢，大大小小的決策都等著人們討論爭取。

在公司草創時期的決策，隨著時間的推移，可能被推翻重來好幾次，才能得出最符合時宜的作法。例如當現有技術框架無法符合組織擴展需求，進行技術更迭是理所當然。同樣地，休假規定、核心辦公時間甚至是公司價值等決策，很可能在新創企業的頭幾年經歷無數次改變和演化。

初期，領導者必須盡快實踐的重要任務是——這裡的「領導者」包括公司所有成員，不僅僅是創辦人或管理高層——選定策略，並且遵循策略。培養一種能夠在無數選項中取捨權衡的決斷力。遇到問題怎麼辦？想辦法解決，搞定它。那個解決方案不管用？趕快試試別的辦法。你不需要找到完美無缺的解決方案，你需要的是能帶你邁向下一個里程碑的辦法，無論目標是下一次發布、下一次成長衝刺、下一輪融資，還是下一次人才招募。

有些公司決定讓組織架構扁平化，放棄採用職等升遷制度，減少人們做出升職決策的機會。從某種意義上來說，這是一種你永遠不需要決定某人職等的決定，你不需要擔心什麼時候該提拔誰，也不需要建立職等評估制度。對於新公司來說，「現在不做決定」是一個頗受歡迎的決定，因為在公司規模尚小的時候沒有太大影響。

美國激進女性主義思想家、作家與運動者喬・弗里曼（Jo Freeman）發表過一篇關於組織政治的力作〈無架構的暴政〉（*The Tyranny of Structurelessness*），雖然文章針對早期的「無政府女性主義」進行論述，新創企業的文化氛圍也同樣應證了弗里曼的觀察洞見。執著於「無架構」往往會任由隱性的權力結構滋長，這是由於人類溝通的本質和試圖擴大溝通量的挑戰而造成的。有趣的是，弗里曼在文中描述了「無架構組織」恰好能夠發揮作用的運作方式，其必須符合以下條件：

1. **任務導向：** 它的功能很狹隘、很特定，例如舉辦一場會議或出版一份刊物。任務基本上組織起了團體。任務決定了什麼事在什麼時候必須做到。任務提供了一個指引，讓人可以判斷她們該做的行動以及未來的活動。

2. **團體相對地小而同質性高：** 參與者需要同質性來保證有可以互動的「共同語言」。從差異極大的背景出身的人們可以為意識提升團體提供豐富性，讓成員可以從彼此的經驗中學習，然而，在一個任務導向的團體中，成員太多元只

會讓她們不斷地互相誤解。這些背景互異的人們會以不同的方式詮釋詞語和行動。她們對彼此的行為有不同的期待，也以不同的標準來評價結果。如果大家互相都熟到能理解這些微妙差異，這些都不成問題。但是，通常這些差異總是導致困惑，以及無止無休的會議來擺平沒人事先想到會發生的衝突。

3. **高度的溝通：**在重要的決策過程中，資訊必須傳遞給每個人、意見需要被檢視、工作要分工、而且每個人都必須參與。只有在團體很小，而且在任務的關鍵時刻人們事實上住在一起的狀況下才辦得到。很顯然地，參與者愈多，要足夠讓每個人都參與決策所需要的溝通量就會成幾何級數上升。無可避免地，這會把團體成員人數限制在 5 人左右，不然就得把一些人排除在決策過程之外。成功的團體可能大到 10 到 15 人，但是她們必須分成幾個小組，每個小組從事部分特定任務、小組成員有重疊，這樣各小組在幹什麼才能流暢地讓其他小組理解。

4. **低度的技能分殊化：**不是每個人都得能做每件事，但是每件事至少都要多於一個人可以做。這樣，就沒有人是不可或缺的。一定程度上，人成了可以互換的零件。

弗里曼的洞見描述了許多早期新創企業的情境。即使整體公司規模日益發展，不再侷限於小團體的工作方式，工程團隊仍經常執著於「無架構」。透過目前團隊的職場人脈和社群網路招募「全端」工程師（full-stack engineer），保持低度的技能分疏化和高度同質性。規定團隊成員全在同一場所工作，以此減少溝通障礙。也許最關鍵的還是，工程團隊被完完全全地定位為產品或公司創始人的執行部門，形成高度任務導向的團隊。

我敢打賭，一定有不少人對於以上關於新創技術組織的常見特徵而感到憤慨。畢竟，這些工程團隊可是全公司最高薪的寵兒！儘管如此，這些非架構化的組織，要麼最終的運作型態並不如成員一廂情願的「自我導向」（self-directed），要麼受制於隱性的

階級或權利關係。在很多實際的例子中，這兩種型態可能同時存在。

技術決策和程序也有無架構團隊運作的影子。早期新創公司存在很多義大利麵式代碼（spaghetti code，指複雜、混亂而難以理解的程式碼）是有原因的。當工作目標是為了滿足眼前任務時，一群可以互換的團隊在統一的程式庫中工作，通常不足以打造出一個經過縝密規劃、精心設計的技術架構，人們在這處做個微調、那邊抄個捷徑，只要能讓系統動得起來就好。如果想讓系統變得更有擴展性，我們通常得回爐重造整個系統，推翻所有義大利麵式代碼，這想必不令人意外，因為程式碼重構大業經常牽涉到辨識和明確畫出技術架構，讓程式碼更具有可讀性，更便於人們工作。

簡而言之，這就是「架構」的價值所在。「架構」令我們得以擴展規模、多元發展和承擔更複雜的長期任務。我們為軟體規劃技術架構，對團隊組織設定架構，也為工作流程訂下明確的架構準則。正如優秀的技術系統設計師能夠慧眼辨識，塑造底層系統的結構一樣，出色的領袖也能識別和形塑團體架構和文化，以此幫助團隊實現長期目標，並協助團隊成員在個人工作上發揮長才。

沒有什麼比階級森嚴的小團隊更可笑了。在五名成員組成的團隊中，如 A 要回報給 B，B 回報給 C，C 回報給 D，D 再回報給 E 的上下級關係，在小團體中不僅不合時宜，更是沒有必要。同理，假如在一家處境艱難的公司裡，有一個五人團隊把大部分工作時間都會在會議上，連洗手間應該放哪家品牌的衛生紙都得經過決議，工作優先級顯然被扭曲了。在組織中過早引入「架構」也可能帶來傷害，減慢團隊的工作效率，扭曲了工作焦點。

不過，在小公司中，更常見的情況是「架構」來得太晚。問題日益滋長。比如說，團隊習慣讓某一人作出所有決策，而且他經常改變主意。如果團隊裡只有幾位成員時，這種策略是不傷大雅。

但是當這位決策者和 10 個人一組、20 個人一組，甚至是 50 個人一組時，如果他仍主掌所有決策並且朝令夕改，可以預見的是極度混亂、徒勞無功的場面。改變主意的代價越來越高昂。

我的朋友歐·弗洛依德在好幾家新創公司擔任過技術管理職位，他分享了關於新創領導力的最佳比喻：處於萌芽期的新創公司就像駕駛賽車，你離地面很近，能感覺到每一次動作。你具有極大的掌控力，能夠快速轉彎，工作步調和事情進展飛快。當然，你也有隨時失控的風險，但即使失敗了，你也沒有什麼可失去的。隨著公司逐步成長，你晉升為飛機駕駛員，離地面越來越遠，必須為更多人的生命負責。因此，你必須更仔細地考量每一步舉動，但你仍感覺自己具有控制權，可以相對快地調轉航線。最後，你來到一艘宇宙星艦，航程早已設定好了，坐在駕駛艙的你無法快速作出任何改動，但是你能夠飛得更遠，帶著成千上萬人一起啟航。

評估你的角色

認清目前駕駛的交通工具大小。這取決於公司人數、年齡、現有業務基礎設施（軟體、流程等）的規模和風險承受能力等因素：

人數

公司員工越多，越需要周到詳盡的架構，讓每個人朝向正確的方向前進。對於組織運作，想要擁有高度控制力的領導者，往往需要借助更多的架構。現代企業經常將架構的焦點放在「目標設定」上，而不是試圖由上至下做出所有決定。不要低估了架構的重要性，周全的架構有助於成功的目標設定和溝通。

年齡

公司存在的時間越長，習慣就越根深蒂固。另一方面，也表示公司越有可能繼續在市場中生存。

現有基礎設施的規模

如果你沒有什麼既定的業務規則（比如「這就是我們決定向客戶收取費用的依據／標準」），也沒有什麼程式碼系統或實體基礎設施（如商店、倉庫或庫存系統），那麼對於架構的需求並不大。反過來說，當現有業務規則和基礎設施越多，越需要掌握妥善的架構運作方式。

風險承受能力

你的公司屬於高度管制的產業嗎？如果出現某類特定失誤，公司會遭受巨大損失嗎？或者你的公司處在不受監管的產業，幾乎沒有什麼風險呢？組織架構和流程必須反映公司的風險承受能力。一般來說，依賴公司生活的員工越多、企業規模越大，即便沒有任何監管要求，你願意承擔的風險也就越小。

隨著公司持續成長，架構隨之增長。事實上，約翰・蓋爾（John Gall）的力作 Systematics: How Systems Really Work and Especially How They Fail 甚至歸納出了一則「蓋爾定律」[1]：

一個切實可行的複雜系統，勢必是從一個切實可行的簡單系統發展而來的。一開始就是複雜設計的系統永遠無法運行，也無法透過修補使其發揮作用。你必須從一個簡單的系統開始。

起初，你的公司是一個非常簡單，只有幾位成員的系統。後來，隨著越來越多人加入，也發展出更多的規則和基礎設施，公司演變成一個複雜系統。我不認為當團隊規模尚小並且運作良好時，過度著墨於團隊架構和流程的設計有很大的好處。然而，到了某個階段，你會發現自己不斷遭遇失敗，而這些失敗是調查和確定

---

1   John Gall, Systematics: How Systems Really Work and Especially How They Fail (New York: Quadrangle/The New York Times Book Co, 1975).

架構需要發生改動的黃金時機。以建立職涯發展路徑的例子來說，當某人因為組織欠缺升遷機會而辭職，可能還不足以促使你去規劃公司的職涯發展路徑，然而，當越來越多人因為同樣的理由離開或不願為公司效力時，這時正是為組織建立或改變架構的最佳時機。你必須在「欠缺組織架構能帶給團隊什麼價值」以及「失去心儀人才的損失」之中權衡利弊。

我給領導者的忠告很簡單：在失敗發生時，全面檢視造成失敗的所有客觀現實。找出其中規律，幫助你改善架構，要麼創造更多的架構，或者不同的架構，要麼移除不必要的架構。想一想失敗的發生頻率多寡及其代價，善用判斷力，決定應該做出哪些改變。以失敗作為改善架構的指導方針，在正確的層次上準確建立／改善架構。假如某個失敗只發生在系統中的其中一個部分（例如某特定團隊），你可以試著改動這個團隊的架構，而不是對整體組織架構做出全面性的改變。

那麼，何不考察成功事蹟呢？嗯，你的確能從成功經驗中學到東西，但「成功」往往不是一位好老師。說來諷刺，雖然運氣在失敗和成功中都起到一定作用，但我們經常將失敗歸結於運氣不好，把成功都歸因成自己的努力。正如「蓋爾定律」指出，切實可行的簡單系統可以演化成一個複雜系統，但這並不代表將成功的複雜系統生搬硬套到其他地方一樣能複製成功。人類傾向將失敗怪罪給壞運氣，直到我們再也無法忽視自己才是鑄成眼前失敗的元兇。因此，從失敗中學到的教訓，在一定程度上有助於我們去調整團隊的運作架構。另一方面，成功容易帶給人們一種「銀色子彈」的錯覺——仿佛單憑一個簡單的偏方就能解決所有問題。如果想從成功中學習，在你將這些成功經驗更廣泛地應用其他地方前，請先識別出哪些是真正奏效的改進之處，並理解了這些成功經驗的脈絡情境。

在這個問題上，企業年齡和團隊規模扮演了關鍵角色。如果你服務於一家創立已久而且發展良好的公司，調整架構（增加或刪減）來改善效率是事半功倍的選擇，即便需要先付出一些前期成本。畢竟，天底下沒有白吃的午餐，學習很少是免費的。分析情境和思考有參考價值的感悟需要時間。在時間成本上，假如未來時間的價值遠小於目前時間的價值，那麼你大概無需操心如何節省未來的時間。僅僅因為公司又大、又成熟、又穩定，並不代表架構就得森嚴、僵化、一成無變。技術上的變革，通常讓過去存在風險的舉措，變得比保守選項更安全。軟體發布頻率就是一個很好的例子。在過去很長一段時期，頻繁地發布軟體既困難又昂貴，因為在當時，軟體被直接交付給用戶。到了 SaaS（Software as a Service，軟體即服務）時代，bug 更容易被修復，在已發布的程式碼版本中出現 bug 的風險，已經遠遠小於開發進度緩慢而延遲交付，進而削弱公司競爭力的風險。對於舊架構的無條件依戀，讓許多人對於建立架構猶疑不決。但如果你在需要的時候未能建立正式的規範或流程，組織運作同樣有可能出錯。

公司欠缺完善的入職流程，導致每位新員工進入工作狀態的速度太慢，因此耽誤了好幾個月的團隊進度，這是一種缺乏架構而釀成的失敗。當人們由於公司缺乏升職管道或是看不見職業發展前景而離開，這也是一種欠缺流程而釀成的失敗。當你第三次發現某個生產中斷是因為某人直接登入資料庫，不慎刪除了某個關鍵資料表，這更是一種因欠缺規範而導致的失敗。前面說過，我更喜歡以「學習」和「透明」來替換「架構」這個詞語，因為我們真正想討論的話題是，如何識別出失敗的原因，尤其是那些頻繁發生的失敗。我們試著釐清哪些手段或解決方案，有望防範失敗再度發生。從本質上來看，這就是一種「學習」的過程。

打造文化

> 「文化就是人們不假思索的做事方式。」

> ——弗雷德里克・萊盧《重塑組織（插圖入門版）：
> 一份圖文並茂的邀請，歡迎加入下一階段的組織對話》

文化，是塑造新創企業時經常討論的話題。公司看重的核心價值是什麼？公司的文化氛圍是什麼樣子？新員工和文化「契合」嗎？「文化契合度」是公司選拔人才的隱性招募標準嗎？

文化是一種貨真價實的存在，我開始對此深信不疑。文化無比重要，然而許多人根本不明白文化對於人們的影響有多深遠。文化是一家公司歷經發展演化，自然而然沈澱出來的結晶，然而，若稍不留意，任憑文化自生自長，也可能為組織帶來大問題。有意識地引領、形塑團隊文化，是領導者的工作之一。想要善盡職責，首先，你得先搞清出文化到底意味著什麼。

所以，何謂「文化」？文化是共享於一個群體的無形規範。例如，美國人以握手表示問候，在其他文化中，觸碰陌生人的肢體被視為不合規範、有失禮儀。在面對不同立場或關係的人們時，你的應對進退方式就是文化的一種體現。文化並不代表每個人必須抱持完全相同的價值觀點，但通常人們所認同的價值會有所重疊，進而塑造出一系列互動規範。假如深受文化影響，這些互動規範就是人們不假思索的行事方式。

確實，人們在進行決策時，不僅僅是依靠文化價值觀。比方說，人們要遵守正式契約或口頭協定。或是利用純粹的資料分析，決定最佳結果。但是在複雜的環境中，當群體需求凌駕於個體需求時，文化價值觀變成一種黏著劑，讓我們能夠作為團隊一起共事，在面對不確定性時得以做出決策。確實理解與形塑組織文化，這點對於打造成功企業相當重要。

假如你正組建一家新公司，沒有人能夠保證一個「預先決定好的健康文化」永遠不會消逝。按照理想，你希望建立一個由志同道合的人們組成的群體，團結一心，共同創造偉大的產品和職場氛圍。遺憾的是，現實比理想更加混亂。現實是公司猶如參加一場生存競賽，爭分奪秒地想在市場競爭中倖存，文化不是此時人們能悠哉考慮的話題，只能留待事後定論。早期員工將會形塑企業文化（無論好壞），更多時候，這些文化同時有好有壞。

不是所有人都能在每間公司如魚得水，完美適應組織文化。越早意識到這一點，對你越有幫助。有時，人們不願擁戴核心價值的原因是害怕這些價值反而造成歧視。對此，我認為，經過深思熟慮而創造出來的一套價值觀，實際上更能減少常見於科技公司的「表層歧視行為」，反而更能打造出一個真正共享核心原則和溝通方式的員工社群。打造一個更開放、更寬容的文化，對更多人張開雙手，這對你更加有利。「MIT 畢業的工程師」不是一種文化。「重視技術創新、認真工作、智慧、科學實證、以資料論述的人」才是一種文化。前者只讓極少數人通過公司選才標準，後者則對更多人伸出橄欖枝，邀請更廣泛的人群加入並適應文化，也能確保他們也抱持相似的價值觀。

企業所秉持的價值觀，可能源自創始人的創業理念，或是由創辦人和早期員工共同創造的核心價值，反映了這家公司所注重的文化。無論你是否意識到這一點，你的工作表現都會依據這些文化價值進行衡量。創始團隊的價值觀將在公司內部被強化、被認可和獎勵。我的經驗表明，真正擁抱和展現公司所有核心價值的員工，自然而然地會有出色的工作表現。適應公司文化對他們來說很簡單。當然，他們還是有可能感到工作壓力或過於努力工作，但他們往往會受到喜愛或賞識，工作起來很開心。而那些不見得適應這些文化價值的人，自有一番掙扎。這並不代表他們一定會失敗，而是難免在適應過程中會出現不少摩擦，人們會感覺要付出更多努力才能適應文化氛圍、才能被公司接納。

這對你有什麼啟發？如果你是技術主管、創辦人或技術長，以上
訊息意義深遠。如果你加入或建立了一家公司，而這家公司的核
心價值與你自身觀點截然不同，你將感受到大量的摩擦與碰撞，
讓你的日子不太好過。在組織運作的最高階層上，所有的文化協
調（culture alignment）對每一項任務、每一次決策都扮演著關
鍵要角，因為你得花上大把時間去談判、斡旋和協作，別忘了還
得協調跨部門的團隊合作。這並不表示你無法在一家和個人價值
理念不同的公司裡取得成就。事實上，你很少會完全認同公司裡
高階領導團隊裡所有人的價值觀點。你甚至不見得認同家庭成員
或朋友對事物的所有觀點！儘管如此，個人價值觀點和公司理念
之間的重疊程度，在很大程度上，決定了你能否輕鬆適應所處企
業的文化氛圍。

應用核心價值

　無論你是創始核心團隊，或者處於高階領袖職位，理解和培養文
化是作為領導者的重要職責之一。以下建議有助於切中焦點：

首先，定義文化。如果公司有一套獨特的價值理念，請在團隊經
營時投射這些價值。你可以為團隊增添專屬的價值理念，或者
以合乎團隊運作邏輯的方式解釋企業理念。在 Rent the Runway
時，我所帶領的技術團隊非常看重「多元性」。這表示，我們看
重的是人們的能耐和潛力，而不是在履歷篩選過程中，刷掉那些
不符合某些特定資格條件的候選人。我們讓「熱衷學習的文化」
凌駕於公司的價值理念之上，因為我們深信，「學習」對工程師
來說非常重要。將「熱衷學習的文化」放在首位，每個團隊因而
衍生各有特色的專屬文化。有些團隊專注於保持專業，上下班時
間固定，工作方式非常嚴謹。還有一些團隊選擇彈性工時，更
傾向於非正式的會議文化，人們透過聊天或社交互動的方式進
行討論。

其次，當人們的行為彰顯了核心價值時，不要吝於獎勵表揚，讓好的文化更加鞏固。邀請人們在公司全體會議上分享經驗。在技術部門的全體會議上，我們會讓人們稱讚彼此「幹得不錯」，稱讚對方表現卓越，持續突破。有些人對這種作法感到不自在，包括我。請盡量克服在稱讚他人或分享個人感受時的羞赧情緒，對一起共事的夥伴表達真誠的關心。你可以選擇以不虛假、不強迫的方式分享這些故事。向群體說出這些故事，加深團隊的凝聚力，讓我們變得更加團結。

績效評估最重要的用途之一是評估團隊成員的價值觀點和公司價值理念的一致性，因此，你得弄懂哪些價值理念應該體現在績效評估流程中。在人們展現團隊注重的核心價值時，予以表揚，這有助於正向強化期望的行為。這也讓你知道團隊中有誰展現了大部分或全部價值理念，而哪些人沒有。

學著去發現那些與公司或團隊產生價值衝突的人。如果你公司看重「捲起袖子參與進來」的理念，那麼不斷把事情推給別人的成員，並沒有真正地遵循這項價值理念。如果你認同「快樂和積極是一種選擇」，那麼對每個想法嗤之以鼻，批評每一件事的成員將很難適應團隊文化。有時候，人們會改變自己，開始接受這些價值。「快樂和積極是一種選擇」是 Rent the Runway 的核心理念，我不敢說自己來自一個輕鬆的工作環境。事實上，我前幾份工作的氛圍更偏向嚴謹專業、一絲不苟。但我學會了欣賞以積極正向的態度去看到事物的價值。這並不表示我因此喪失了嚴謹的態度和眼光，「快樂積極」雖不是我一下子就能接受的價值，但它也沒有超過我的容忍底線。在人們表現不符合預期的地方，利用核心價值理念進行指導人們，有助於避免模糊其詞，讓你清楚表達對於人們的期望。

最後，將核心價值應用在面試過程。提醒面試官團隊看重哪些價值，要求他們明確地觀察面試者和這些價值理念相符或相斥的地方。許多面試會採用我稱之為「友誼度測試」的方式來確定受試

者與公司／團隊文化是否契合，問題諸如「你願意和這個人被困在機場好幾個小時嗎？」你當然不想雇用團隊無法與其相處的人，但文化契合度不等於雇用朋友。我和工作之外不願深交的同事，有著良好互信的工作關係，而我願意在機場一起消磨時間的好友，變成同事後反而是一場災難。此外，由友誼度測試而決定的文化契合度，在某種程度上，可以說充斥著徹底的歧視色彩。人們與相近背景、共同生命經驗的人們建立友誼，這些經驗往往和學校教育、種族、階級和性別密切相關。以「抄捷徑」的方式雇來朋友，往往不是打造優秀團隊所需的價值理念。

所以，在討論文化契合度的時候不要模糊其詞。具體一點。這個團隊重視哪些價值？你在哪裡發現了相符或不符之處？一位無比重視「獨立性」的工程師，僅管天賦異稟，可能不適合加入一個要求每個人協同合作所有專案的團隊。如果某家公司的價值理念更重視同理心和直覺，而非純粹的分析能力，抱持「最有理有據的人才是贏家」觀點的人大多難以適應良好。我舉出這幾個例子，是因為以上所有價值理念在某些情況下能成立，卻不見得適用所有情況，因此，你必須瞭解你的公司注重哪些理念、團隊重視哪些價值，你個人又堅持哪些理念，這個思考練習是重中之重。如果這些價值尚未變成白紙黑字，請試著盡量明確地寫下來。使用這份明確詳盡的價值理念清單來評估候選人、表揚團隊成員，以及作為績效評估流程的溝通依據。

建立文化規範

從零開始建立文化規範，絕非輕而易舉，信手捻來。幸好，從職業發展路徑、薪資標準到事故管理，越來越多人公開分享政策和流程，你必須從零開始撰寫的文件變得越來越少。不過，在我首次推出工程師的升職規範時，我深刻地體悟到了有樣學樣，生搬硬套還遠遠不夠。本章開頭我說過，調整組織架構的時機總會到來，這通常是事情陷入失敗的時候。公司的 HR 團隊對工程部門進行薪酬調查，是促使我建立工程師升職規範的始因。我才意

識到工程部門根本沒有薪資結構。由於欠缺結構，大多數人的薪酬數字是根據過去工作的薪水和個人談判技巧決定的。此外，我們還欠缺明確的雇用標準。我們只打算雇用「資深」工程師嗎？「資深」的定義是什麼？包含管理任務或其他職責嗎？

受到 HR 團隊的提醒，我開始著手建立一個升職規範，也就是在本書曾經數次提過的「職涯發展路徑」。我請教了在新創企業擔任要職的朋友，詢問他們是否建立過類似升職規範。一位朋友和我分享了他的版本。這個升職路徑分為八級，從初級工程師到技術長，每一級設有四項技能：技術能力、工作執行力、影響力、溝通和領導力。我拿著這份升職規範，加入幾個細節，重新命名每個職級，在我的技術組織中推行。這份臨時升職規範非常簡單。每個職級和每項技能都以一兩句話簡略說明，位於該職級的人應該做些什麼。即便我額外加入了一些細節，每一個分類最多也不超過四句話。關於較低職等的職責描述猶如潦草簡筆畫，對於職涯早期工程師的工作指導非常少。我將這份升職規範交給團隊，甚至有樣學樣地，模仿我朋友和他團隊的溝通風格。我告訴我的團隊，升職規範的存在是為了確保薪酬結構的公平性，人們可以根據這份規範，和經理討論升職機會，爭取成長機會。我告訴人們這沒什麼大不了的，他們不應該糾結於自己的職級。然後我花了一些時間討論 John Allspaw 的部落格文章〈**論成為一名資深工程師**〉（*On Being a Senior Engineer*），試著激勵團隊成員，鼓勵他們突破自我。

長話短說，這個升職規範是一次徹徹底底的失敗。

為什麼對我朋友來說成效斐然的升職規範，到了我這裡卻是一塌糊塗？我無法妄下定論，但兩家公司之間確實存在著相當大的差異。在我的公司裡，人們的背景資歷非常多元。我的團隊成員中，大多數人來自小公司或新創，幾個人和我一樣曾服務於大型金融公司，只有少數幾個人曾待過大科技公司。如此多元的工作經歷，導致我們沒有一種真正的共同文化習慣可以借鑑。另一方

面，我朋友所管理的團隊，核心成員都來自同一家大科技公司，所以自然形成了一種默契，這種共同的理解，讓人不需要把規則或規範講得明明白白。

我之所以分享這個故事的重要原因：儘管遵循相同模板，我朋友成功了，我卻慘遭滑鐵盧。對於任何渴望打造優質團隊文化的人來說，這則啟示至關重要。在某家公司發揮功效的東西，比如位於某個特定行業或正在打造某個特定產品的公司，不見得能在另一家公司創造同等價值，即便這兩家公司有許多共通點。在推行升職規範這件事上，我和朋友都在新創企業服務，團隊規模非常相似，但想讓各自的團隊獲得成功，我們需要截然不同的東西。我的第一次嘗試之所以失敗，是因為我的團隊需要更多細節。將這份升職規範設計得較為簡略，初衷是為了讓團隊不要糾結於職等和升遷，然而，欠缺具體細節卻令人們對於升職流程更加困惑，變得更加執著。因為每一職等的描述過於模糊，導致工程師們自認他們值得更高的職級。這種混亂導致了一系列棘手局面。

撰寫職涯發展路徑

為組織設計升職規範時，請將以下關鍵要點列入考量：

- **尋求團隊參與：** 為了改善升職規範，我得改變作法。首先，我尋求團隊中資深經理和工程師的支援，向他們尋求回饋和細節。我讓人們標註那些看不懂的地方，邀請他們改寫、註解、編輯，以及加上細節。我們以團體形式進行討論，讓團隊聚焦在他們最關注的職等內容。例如，由最資深的個人貢獻者去檢視該職級的技術能力和預期目標。

- **尋找範例：** 其次，我向其他公司的朋友尋求更多關於升職規範的參考範例，給我更多靈感來補充更多細節。當時，我只能請求朋友列印文件，或者給我一份概要筆記。現在，網路上有更多資源能夠借鑑。最好的細節來源來自在大公司工作的朋友，尤其是那些技術招牌響亮的公司。對於資

深技術工程師層級上，其實很難憑空描繪出預期的工作範圍，而來自大公司的例子大大幫助了我們將這些細節羅列出來。

- **鉅細彌遺：**在設計一份完善的升職規範時，你面臨的最大挑戰之一是將細節勾勒出來。這些細節要能激勵人心，要能清楚描述工作職責，同時也必須符合公司需求。同為經理，在新創企業管理 50 人組成的工程團隊，和在大型跨國公司統領整個技術部門，兩者的職責要求絕不相同。在決定某人是否該被聘用或升職到某個特定職級前，想一想你需要檢視哪些細節，在決策時，將這些細節列入考量。

- **詳細描述和要點摘錄：**我將升職規範分成兩份檔案。第一份檔案是表格式的大綱，能夠平行比對各個職級的職責任務與資格條件，並檢視這些職級如何逐級演進發展。這份檔案在設計升職規範時很有幫助，我能夠看到一個職級如何遞進到下一個職級，以及伴隨著這些角色的工作範圍、技能與職責。第二份檔案則是更詳盡的說明文件。長篇幅的文件，讓我將各職級角色的故事講得更完整。這份鉅細彌遺的文件，不僅僅是用一套技能或屬性來概括各個職級，它讀起來更像是一份優異的績效評估報告。透過這份文件，你（和你的員工）能看見這些技能如何塑造出一個完整的工作角色。職等應該分為幾級？你需要先回答兩個問題。第一，公司採取什麼薪酬策略？第二，公司如何認可人們的成就？

- **考慮職等和薪酬的相關性：**HR 部門會需要這份升職規範來設定薪酬預期範圍。通常，每個職等都有各自的薪帶（salary band），也就是在這個職等中，人們能夠拿到的最高薪酬與最低薪酬之間的範圍。 如果公司沒有太多職等，你需要搭配非常寬鬆的薪酬範圍，以因應以下兩種情況：同職級的員工表現差距十分顯著；職涯發展早期的工程師常有被頻繁加薪的心理預期。

- **為早期職涯階段提供升職機會：**有些人提倡在職涯發展路徑的初始設立許多職等，來因應職涯發展早期的工程師希望被頻繁加薪和升職的預期。在某人展開工程師職涯的頭兩三年裡，你大概希望每年都能讓他／她升職。如果是這樣，請設計幾個涉及「軟體工程師」角色職位的職等，為這些職等搭配相對較窄的薪酬範圍，並做好心理預期，這些人要麼快速升職，要麼跳槽到其他公司。

- **在早期職涯階段採用「窄幅薪帶模式」：**大量的職等數量和狹窄的薪酬範圍，意味著你可以快速提拔員工，給他們加薪，同時讓所有人的薪酬維持在相近水平。如果你擔心薪酬公平性，想要避免薪資歧視，例如男性薪酬大於女性薪酬，採取「窄幅薪帶模式」是很好的策略。遺憾的是，很難在相近職等之間加上足夠的細節，來區分這些職等的差異。

- **在職等較少的情況下採用「寬幅薪帶模式」：**寬鬆的薪酬範圍和較少的職等，讓每個職等之間的技能條件更容易區別，也更容易區分出哪些人屬於哪些職等。在職等差距很大的情況下，你需要搭配「寬幅薪帶模式」，並讓這些薪酬範圍有所重疊。例如，軟體工程師的年薪可能介於五萬至十萬美金的範圍，而資深軟體工程師的年薪可能介於八萬至十五萬美金。這表示優秀的軟體工程師有可能賺的比資深工程師還要多。你需要在薪酬上保留操作空間，來留住那些在目前職級表現優異，但還沒有準備好承擔下一個職級責任的人才。當你必須用較低職等來徵才時，你可以利用這個薪資空間的斡旋餘地，來爭取那些猶豫不決的候選人，特別是他們希望盡快升職時。

- **思考職級的「斷點」：**對許多企業來說，某個特定職等意味著「不升職就滾蛋」，而這些職等通常處於早期職涯發展階段。假如某人「未能升職」，表示他／她沒有達到公司預期，工作能力不夠成熟，或者獨立性不夠。這個「不升職就滾蛋」的策略經常體現在某個「斷點」職級。到了哪一

個職等，人們可以一直待在公司，即使不再升職，也不會被評為績效差？這個職等就是那個「斷點」。在許多公司裡，這個職級的斷點就是資深工程師。能夠升上資深工程師的人，都是能為公司和團隊效力的優秀人才，但他們可以根據自我意願，選擇一輩子當個資深工程師。你需要知道這個斷點在哪，甚至將這個斷點設為職涯發展路徑難度提升的分水嶺。同時，你可以預期在團隊中，處在斷點職級的成員數量，將多過其他職級。

- **認可成就：** 許多公司想將職等視為機密，但往往不太可能，因為人們總會討論。不過，你可以選擇加強著墨某些職等。有些公司的 HR 部門以和職級脫鉤的薪等（pay grade）追蹤員工的薪酬狀況。我並不提倡這種做法。不過，我會鼓勵你至少看重某些職等，在人們升上這些關鍵職級時予以認可。我認為升職成為資深工程師（Senior Engineer）、主管工程師（Staff Engineer）和技術總監（Principal Engineer）都是值得慶祝的職涯里程碑。在管理職的升職路徑上，成為總監（Director）或副總裁（VP）也值得好好慶祝。當職等越來越少，升職難度越來越高，設立關鍵職等的做法，給予人們除了加薪之外的動力，鼓勵他們持續創造成就，讓這些關鍵職等在人們的職涯發展中具有非凡意義。

- **區分管理職位和技術職位：** 這個時代的管理職和技術職，顯然需要分開看待。你不會希望讓人們認為唯一的升遷管道就是成為主管，畢竟不是所有人都適合這個角色。通常，在資深工程師以後，升職路徑分岔為二：管理職和技術職。不過，你不應該預期資深工程師和資深管理人員這兩種職位的名額必然相同。管理人員的需求通常視團隊規模而定。你需要足夠多的經理來管理團隊人員。資深技術人員的需求則看重技術領導力的複雜度和工作範圍（scope），取決於團隊和產品的具體需求。以下情況都是成立的：只有少

數幾位資深工程師坐鎮的大團隊，或者是大多由資深工程師組成，只有幾位技術主管的小團隊。

- **考慮將人員管理技能列入職涯中期條件：** 在人們夠格被升職到資深工程師之後的職等前，鼓勵他們累積管理或指導經驗。對於大多數公司來說，管理職和技術職的分岔點應該是人們開始展現領導力的階段，無論這個領導力是管理人員還是設計軟體。即便人們負責設計軟體，也會面對人與人之間的互動與需求。出類拔萃的資深個人貢獻者也知道如何管理專案和指導團隊中佔比更多的菜鳥／初階工程師，你可以考慮將指導經驗（通常是擔任 Tech Lead）作為資深個人貢獻者的升職條件。

- **工作年資：** 沒有人喜歡向人設下人為障礙，而「工作年資」可以說是最為主觀的障礙了。話雖如此，我建議你在這件事上保持謹慎。在我設計的升職規範中，我以「成熟度」作為區分關鍵職等的依據，這種對於工作的成熟度，與人們年齡的相關性不大，而是更傾向於產業的經驗積累。以主管工程師這個職等為例，在我看來，透徹思考、縝密規劃大型專案，是做好主管工程師的重要特質，而這要求個人具備非常高的成熟度。一位才華洋溢的程式開發者，還不足以成為出色的主管工程師，人們過往的工作經歷和成就，必須證明他們足以勝任這個頭銜。你不必將工作年資視為硬性條件，但你可以思考一些經驗法則作為評估依據，特別是在第一次設計和推行升職規範的時候。

- **別害怕隨著時間而更新：** 當你寫好一份這樣的升職規範，請記住，這不是一份死文件，它同樣必須隨著公司成長而更新演進。你難免會漏掉一些細節。比方說，由於我的個人技術專業是基礎設施開發，這份升職規範對於前端開發人員來說並不好懂，因此，我需要對文件進行修改和增補，以便妥善解釋對於前端工程師來說，每一職級的職務要求與升遷路徑是什麼樣子。

完善到位的升職規範，對於人員招募、績效評估和升職流程來說
都扮演著關鍵角色。如果你有幸設計這樣一份文件，別害怕邀請
團隊一同參與。結合團隊之力，打造出最完善的流程和文件，體
現團隊注重的價值，而不僅僅反映了你的個人觀點或偏見。在小
公司裡建立職涯發展路徑的最大好處之一是，無需層層官僚主
義，你就能邀請許多人一同參與。

跨職能團隊

你和哪些人共事？向誰匯報工作成果？和誰一起合作？無論是大
企業還是小公司，答案都顯而易見：在小公司，你和所有人一起
奮鬥，而大企業的組織架構非常明確，包括上下級關係和團隊架
構。身為成長型公司的領導者，你至少需要回答一次，甚至好幾
次，針對這些問題作出回應。你的答案是什麼樣子？

我想花些篇幅分享我個人在 Rent the Runway 工作的難忘經驗：
團隊發展成「產品工程組織」。在我加入公司的時候，工程團隊
大致分為兩組：店面（storefront）和倉儲（warehouse）。店面
團隊負責面向消費者的網站全端開發工作，而倉儲團隊的軟體開
發工作則支援倉儲營運作業。我們很快地將店面團隊拆成前端和
後端小組，因為當時我們正把系統從舊有的 PHP 團塊代碼，改
寫成基於 Java 和 Ruby 的微服務架構。

加入公司第一年的尾聲，我們做了一次實驗。我們想為客戶打造
新產品，這是一個基於消費者照片評價的功能。對客戶來說，找
到一件合身的禮服需要花費不小功夫，我們想讓客戶看到其他用
戶上傳的實穿照，並根據用戶提供的個人尺寸、身高體重及「身
形」（如勻稱、梨形或豐腴）等資料，幫助他們物色最適合的衣
飾穿搭。為了實現這個功能，我們打造了一個跨職能團隊。團隊
成員的背景專業非常多元，除了著重於使用者體驗開發的工程師
和專注後端開發的工程師之外，還有產品經理、設計師、資料分

析師，甚至有客戶服務專員。來自不同部門的人們，形成一個跨職能團隊，共同為客戶打造和交付功能。

這個專案獲得了盛況空前的成功。我們很快地交付了一個很棒的功能，團隊成員們都認為他們充分理解專案目標，並且認可跨職能團隊展現了「分工合作」的價值，對於工作成果的貢獻深遠。在這個專案之前，團隊的工作風格更接近於「我們 vs 他們」，你所在的部門是「我們」（例如技術部、產品部、分析、行銷等），而組織內其他部門則被歸類在「他們」的範疇。跨職能團隊的分工合作模式，讓人們將整個團隊都視為一體，視為「我們」。毫無疑問，這種認同感的轉變，對於組織運作來說更加健康。於是我們將跨職能團隊的做法，推廣到整個組織，發展成「產品工程」導向的團隊工作模式。至於如何命名是你的自由，你可以將這些團隊稱為「小組」（pods/pillars）或「小隊」（sqauds），跨職能產品開發團隊受到許多組織青睞，是有充份理由的。將所有對於專案來說不可或缺的人物組成一個小隊，有助這些成員專注於專案工作，並讓團隊內的溝通交流更有效率。

在討論組織架構時，經常引用到康威定律（Conway's Law）。這則定律提到：「設計系統的架構受制於產生這些設計的組織的溝通結構。」

當我們將跨部門團隊放在一起，最重要且必須放在首位的「溝通架構」是為了有效地實現產品開發和迭代。注意，這種涉及跨部門合作的溝通架構不見得能產生「最高效」的技術！事實上，相對於純粹的工程師團隊，這種跨職能團隊所產生的系統在效率上可能有些缺陷。因此，如果你選擇採用跨職能團隊的組織架構方式，你必須決定針對哪些地方進行縝密的系統設計，以便最有效地建立產品。

建立跨職能團隊

跨職能團隊如何順利運作？「誰在管理誰」的不確定性，經常令人們感到困惑與焦慮。即使這時團隊的成員組成來自各個部門，但管理架構並沒有發生改變。工程師依然由工程經理負責管理，而工程經理依然向我彙報工作進展。同理，產品經理依舊向產品部領袖報告工作成果。唯一的不同在於，此時工作的決策權被授權給這個跨職能團隊，他們能夠自主決定「誰來完成什麼工作」。這表示，工程經理照樣提供團隊技術上的指導與監督，但團隊的日常工作內容則根據跨職能團隊的工作路徑圖而定。

當然，每個職能都有各自的需求。通常，工程部需要監督核心系統，你可能需要招攬幾位工程師來處理核心網路平台、行動裝置或資料工程等工作。我將這些職能需求安排在一個專門負責「基礎設施」的小組，而小組成員的工作通常不涉及產品開發。即便團隊有專門負責基礎設施的小組，其他負責產品開發的工程師也需要參與特定任務，例如待命（on-call）、面試和系統維護工程（也就是解決「技術債」）。我建議為這類任務保留總工時的 20% 時間，這個 20% 的數字根據我與其他技術同行的經驗而得。

這種跨職能團隊，並不是小型新創公司的專屬組織架構模式。許多大型公司也以這種多元的方式打造工作團隊。比方說，銀行通常有依附於特定業務領域的技術團隊，儘管這個團隊的管理架構由工程師組成，其工作路徑圖和日常工作則根據業務部門和相關工程團隊的需求而共同決定。通常會有一個核心的基礎設施團隊，在支援基礎系統的同時，也為公司許多團隊會使用到的大型技術框架與技術提供支援。許多技術公司的團隊架構方式也是如此，儘管「業務部門」的領導者可能是前職是工程師的人們來扮演產品或業務經理的角色。

跨職能團隊的組織架構，暗示了一種細微而富有深意的轉變。在這個團隊中，所有人的價值觀開始發生轉變。在以技術為中心的傳統架構中，工程師只和工程師打交道，尤其是和他們的專精領域（如行動裝置、後端、中間軟體等）相同的工程師，在某些衡量技術卓越的指標下，成為最優秀的工程師，是此時人們的工作目標。團隊的領導者和榜樣就是那些能夠設計出複雜系統或掌握最新 iOS 版本知識的人。然而，在以產品為中心的團隊架構中，領導力的關注焦點變了。現在，對於產品最有概念、能夠迅速而高效地執行工作，以及和跨職能同仁良好溝通的工程師，將逐漸成為團隊的領導者。

我沒有批評孰優孰劣的意思，但我想鼓勵你去覺察「產品／業務」vs「技術」的關注焦點，合理地調整團隊的組織方式。請思考，哪些事情對於組織或團隊的成功來說不可或缺？假如某個產品需要跨部門合作才能順利開發，你需要為團隊培養或招募一位具有這種商業意識的領導者。另一方面，如果某些領域需要堅實的技術基礎，或者需要持續創新與突破，你會希望團隊的工作目標專注在技術開發，這時，你需要足以擔綱複雜系統設計的人選來領導團隊。這不代表你必須在兩者間作出唯一抉擇，但你必須意識到，你所選中的組織架構方式，將為組織架構定下基調，引領公司的發展方向，而你的工作和技能應該聚焦在公司最看重的那種組織架構，並以招募人才的方式補足你無法顧及的另一個選項，特別是在你身處高階管理層的時候。

訂定工程規範

這些年來，我處理過無數次技術開發的工程規範。我還記得，當我第一次運用程式庫進行開發工作，在合併程式碼版本之前必須先進行單元測試。每當有人破壞了軟體版本時，我都很生氣，因為我是那種老實跑測試的人，而這些人竟然不願意花時間確認自己的程式碼不會搞崩測試！我也記得，第一次被強迫接受我不喜

歡的工程規範的厭惡感。多年來，我們從未被要求過程式碼審查、沒有工單系統，更別說是狀態追蹤系統，現在，突然要我們立即採用這些規範，就為了符合標準的軟體開發生命週期。這種半強迫式的官僚主義作風，讓人感覺這些工程規範沒有必要，只會減慢工作效率，增加人們的工作量，因為沒有人願意花些時間解釋這些軟體開發過程的標準規範有什麼意義，為什麼我們要遵循，也沒人解釋為何組織需要這些變化。

工程規範是讓「架構」實際發揮效用的地方。職涯發展路徑、價值理念、團隊架構，這些架構帶給人們的直接影響力，大概不及漏洞百出的工程規範，導致團隊感到無比的焦慮與沮喪。欠缺工程規範，團隊無以拓展，錯誤的工程規範則破壞團隊工作效率。想要打造優秀的軟體開發過程和營運規範，必須在「目前團隊規模與風險承受能力」與「現有流程」之間取得巧妙的平衡。

請教 CTO：工程規範

我在一家成長速度很快的新創公司擔任技術主管。組織的工程規範非常不成熟：欠缺程式碼審查機制，我們使用 Trello 來管理工作任務，卻沒有涵蓋全數內容。關於技術架構的所有決定，偏向讓專案負責人自行決定然後得到我的批准，沒有一個縝密的決策流程。

最近，一些工程師屢次向我反應，新人們合併到系統的程式碼經常品質欠佳。在合併任何程式碼版本前，他們希望引入程式碼審查機制。我還發現有人一直使用 Scala 來編寫新的系統，然而其他所有程式碼都是用 Ruby 寫的。他是團隊中唯一懂 Scala 語言的人，我害怕這系統的維護工作會增加人們負擔，但這個專案已經進行有一段時間了，我好像也無法中途喊停。

我該怎麼辦？我害怕讓團隊一下子從零秩序的狀態，突然面臨大量規範，但一定有些事情需要改變！

請將流程規範看作風險管理的手段。

隨著團隊日益成長，系統變得愈加龐大，沒有一個人能將所有系統佔為己有。因為人們必須協調彼此的工作，互相配合，軟體開發流程的種種規範應該圍繞「工作協調」的主題進行設計，幫助人們迅速檢測出工作中的風險。

你可以將工程規範視為一種「代理機制」，解釋完成哪些工作的困難度，或是發生某些事情的稀有度。複雜的流程只應套用在發生機率罕見的事件上，或是風險對於人們來說並不明顯的事件。此處的「複雜」不僅僅代表這是一個漫長的流程。有時候，流程的複雜性也包含向高層取得批准，或是必須滿足非常高的標準。

這件事有兩個重要意涵。首先，你不應該將複雜的流程應用在人們必須快速行動、風險較低或顯而易見的環節上。假如你想對所有的程式碼變更實施審核機制，務必確保該程式碼機制不會過於繁重冗長，連微小變更也要耗費大把時間的話，減慢人們的工作效率，影響整個團隊的生產力。其次，你需要主動留意那些隱含風險的地方，將這些危險因素暴露出來。政治上有一句話：「一個良好的政治點子，在半成品的狀態下也能運作良好。」工程規範也是如此。即便人們沒有完美遵循，這些規範也要能發揮其價值，讓整個團隊熟悉或習慣變化或風險的存在，在很大程度上即體現了這些規範的價值。

實用建議：去個人化的決策

當團隊成長到一定規模時，你應該首先考慮加入下列三個流程規範。除了訂定執行上的細節，在推行這些規範時，也應該設定「預期的行為表現」，如此才能讓這些流程規範發揮最佳效用。

程式碼審核

雖然褒貶不一，但程式碼審核是當今軟體開發的標準流程之一。當團隊與程式庫達到一定規模時，程式碼審核機制在維護程式庫的品質與穩定性上具有關鍵效用。然而，強制性的程式碼審核也同時變成工作的一部分。因此，這個流程最好直接了當，具備效率。

此外，程式碼審核也常常引發團隊的衝突。在進行程式碼審核時，團隊成員可能會對彼此惡言相向，或試圖推行一些不切實際的開發規範。這裡提供一些有助於程式碼審核流程順利進行的老生常談：

- **設定明確的程式碼審核目標**：一般而言，程式碼審核無法揪出 bug，測試才能揪出 bug。這告訴我們，程式碼審核能揪出過時的註解或說明文件、被遺漏的程式碼改動，且審核者可以判斷出這份改動過的程式碼版本是否經過充分的測試。程式碼審核機制近似於一種社交儀式，讓團隊成員們知悉並審視這份程式碼改動。

- **利用程式碼檢查工具（linter）糾正風格差異**：工程師們可能在程式碼風格（尤其是格式）上爭論不休。這個問題在程式碼審核流程中沒有討論價值。團隊應該選定一個統一的程式碼風格規範，並使用程式碼檢查工具進行自動化風格糾正。在程式碼審核過程中糾結於風格與格式，不過是吹毛求疵與無謂的批評，這容易造成工作空轉，甚至演變為霸凌行徑。

- **留意待審查的請求量（review backlog）**：有些公司針對「待審查請求」設定上限。當一位成員累積了太多待審查請求時，其他人無法再將新的程式碼審核請求指派給他，而他也無法主動接下新的程式碼審查。你應該考慮的重點是如何幫助團隊高效搞定程式碼審核工作，並確保所有人都有充足時間完成審核。

事故檢討

我不打算討論事故管理的具體細節，但事故檢討（postmortem）是標準軟體開發流程中不可或缺的一環。事實上，與其稱之為事故檢討，越來越多人開始稱其為「學習回顧」（learning review），藉此表明這個流程的重點在於從事故中學習，而非互相指責。有許多文章在這個主題上多有著墨，在此，我打算強調幾個我認為最關鍵的要點。這些對小型團隊尤其重要：

- **克制互相指責、找害群之馬的衝動：** 在事故發生後，高壓的環境容易讓團隊成員互相指責，怪罪彼此沒有事先防範潛在的後果。為何在那台機器上執行這個指令？為何沒有先做測試？為何忽視警告訊息？遺憾的是，這樣的指責於事無補，只會讓團隊更加害怕犯錯。

- **檢視事故發生的脈絡：** 你的目標是理解並找出導致事故發生的因素。這包含尋找可能有機會避免事故發生的相關測試，或有助於事故管理的工具。羅列出事故脈絡中交互影響的因子有助於找出其中規律或需要改善的地方，並為學習回顧活動提供學習素材。

- **在眾多改進項目中，進行現實的取捨：** 找出關鍵的改進目標，適時捨棄次要的選項。不要讓團隊誤以為所有改進項目都必須被完美解決。許多學習回顧活動經常以一長串的改進需求作為結論，這些需求小至清理警告訊息，大至新增第三方供應商的存取權限限制以正確使用第三方 API。你不太可能一次搞定清單上的所有項目，事實上，如果試圖處理所有需求，你很可能落得一場空。選出其中一到兩個風險最高，可能造成事故重演的關鍵要點，並認清無法立刻處理次要項目的現實。

架構審核

現在我們來討論架構審核，會議主題包含任何會影響整個團隊的重大系統或工具變動。架構審核會議的目標是幫助團隊認識這些

重大變更的風險與機遇。以下列出在會議前，需要讓團隊事先設想的幾個問題：

- 團隊中有多少人熟悉新的系統／新的程式語言？

- 對於這個新作法，我們是否建立了標準規範？

- 新系統的上線流程為何？是否有培訓機制幫助團隊快速上手？

- 採用這個新系統會產生哪些額外的營運負擔？

以下提供幾則指導方針：

- **對需要進行架構審核的改動，提供明確的標準：**通常包含使用新的程式語言、技術框架、存儲系統與新的開發者工具。人們通常希望利用架構審核機制來防止團隊設計出品質不佳的新功能。然而，在小公司裡，試圖預判未來的功能需求往往是不切實際的。在大型公司裡，這更是天方夜譚。過於頻繁的架構審核同時會減慢團隊效率，並應證了前文觀點：你不會想在常見的開發環節（例如功能設計）上，疊加繁重的審核流程。

- **架構審核的價值，體現於架構審核的事前準備：**做出重大改動前的審核機制會促使人們思考改動的動機與初衷。我想再次不厭其煩地強調，這些流程規範的意義在於讓人們主動覺察那些疏於考慮的潛在風險。你不一定要開門見山地要團隊給出進行變動的原因。我發現當人們具備滿足架構審核需求的意志與能力時，進行架構改動的動機將不言而喻。

- **謹慎挑選審核成員：**審核會議的參與者應該涵蓋所有直接受到這個變動衝擊的人們，而非固定幾位團隊中的技術專家。部分是為了讓你不必對所有技術決策事必躬親，部分是為了確保受到改動影響的人，在決策過程中有足夠的話語權。你應該廣泛地考慮所有可能被影響的團隊，並讓這

些團隊為決策買單。沒有必要找全公司的人來參與審核會議，決策委員的人選範圍最好限制在與決策後果密切相關的團隊中。沒有什麼比提案被無關人士一票否決更讓人洩氣的事情了。

評估你的個人經驗

- 組織的現有規範是什麼？有哪些實際作法？這些規範或做法是否有白紙黑字地記錄下來？你上次審視這些規則是什麼時候？

- 公司是否有一套價值理念？內容是什麼？你的團隊是否展現出這些價值？

- 組織中有明確的職涯發展路徑嗎？現有升職規範是否忠實地反映出團隊的現狀？抑或是反映出團隊的未來願景？如果組織欠缺職涯發展路徑，你打算如何設計這套職涯規範？

- 在團隊中，最讓你感到憂心的風險是什麼？對於公司的最大風險是什麼？在不對團隊加諸無謂的規範與官僚作風的前提下，你該如何降低這些風險？

結語

終於，你和我一起走完這段旅程，從導師到經理，再到資深領袖。希望你有所獲益，領略一些妙招技巧，留心陷阱，保持謹慎，無論身處哪個職位，都能抱持熱忱去迎接所有挑戰。

這趟旅程賦予我最寶貴的一課是「自律」，假如你想好好管理別人，首先必須做好自我管理。你花越多時間去反思自身，瞭解當自己遇到狀況時如何應對，挖掘那些能夠激勵你的因素，以及那些令你抓狂的事物，你就越能提升自己，日益精進你的管理能力。

優秀的管理者善於應對工作上的衝突。擅長化解衝突表示能夠將「自我」從對話中抽離出來。想在錯綜複雜的情境中維持清晰焦點，你必須保持理性，凌駕各種說辭，看穿故事背後的真實。如果你必須向人們傳達壞消息，還想讓他們聽進去，那麼你必須去掉所有好聽的雕飾點綴，準確地陳述事實。對於事情走向應當如何，管理者經常抱持強烈的主觀看法。果敢堅決、當機立斷，這是專業經理人的優秀特質，但有可能會混淆你判斷事物的視野，畢竟，有時候你的看法可能僅是「你的看法」。

學習聆聽「自我」是冥想的眾多好處之一，在這本書的初稿中，我甚至在每一章節納入了一系列冥想活動。對我來說，冥想練習能夠強化自我管理，培養自我覺察。冥想雖非靈丹妙藥，但這活動能幫助你更加理解自己，明白自己的想法。如果

你對冥想練習有點興趣，我衷心建議你嘗試一段時間看看。我經常收聽 tarabrach.com 的 podcast，或者閱讀 Pema Chödrön 的作品。

另一個用來擺脫「自我」的妙招是保持好奇心。每天早上，我會在一兩張紙上寫下腦中浮現的各種想法，釐清腦內流轉的思緒，為新的一天做好準備，最後，我會提醒自己「保持好奇心」。對我來說，成為優秀領導者是「不經一番寒徹骨，焉有梅花撲鼻香」的過程，其中充滿種種教訓、錯誤陷阱，還有重重挑戰。沒有什麼事情是輕而易舉，能夠毫不費力輕鬆完成，我也經常對自己所處的人際關係感到沮喪。當我向我的企業主管教練分享這些情境時，她會建議我站在對方的角度思考問題。他們想完成什麼？他們在乎什麼？他們想要的是什麼？需要的又是什麼？所有建議的出發點，都是「保持好奇心」。

這就是我最後想和你分享的想法。去挖掘故事的另一個面向，思考這些不同的觀點視角。認識自己的情緒反應，觀察自己在什麼情況下容易受情緒影響，難以看清身處情境的清晰視角，難以做出適當判斷。請對人們保持好奇心。對技術、策略和業務保持好奇心。積極提問，並且坦然接受自己的想法不一定每次都對。

在管理之道上保持好奇，祝你一路好運！

索引

※ 提醒您：由於翻譯書排版的關係，部分索引名詞的對應頁碼會和實
際頁碼有一頁之差。

關於作者

卡米兒・傅立葉（Camille Fournier）兼備技術知識、企業主管領導力及工程管理等豐富經驗。從卡內基梅隆大學資訊科學學系畢業後，進入微軟公司。2005 年，取得威斯康辛大學麥迪遜分校的資訊科學碩士學位，進入高盛集團擔任工程師，後升任技術副總裁。2011 年加入新創公司 Rent The Runway，歷任技術總監、資深副總裁以及首席科技官等職務。自 2017 年起，在對沖基金公司 Two Sigma 擔任董事總經理一職。

出版紀事

本書封面由 Edie Freedman 與 Michael Oréal 所繪製。

經理人之道：技術領袖航向成長與改變的參考指南

作　　者：Camille Fournier
譯　　者：沈佩誼
企劃編輯：莊吳行世
文字編輯：詹祐甯
設計裝幀：陶相騰
發 行 人：廖文良

發 行 所：碁峰資訊股份有限公司
地　　址：台北市南港區三重路 66 號 7 樓之 6
電　　話：(02)2788-2408
傳　　真：(02)8192-4433
網　　站：www.gotop.com.tw
書　　號：A669
版　　次：2021 年 04 月初版
　　　　　2024 年 10 月初版六刷
建議售價：NT$480

國家圖書館出版品預行編目資料

經理人之道：技術領袖航向成長與改變的參考指南 /
Camille Fournier 原著；沈佩誼譯. -- 初版. -- 臺北市：
碁峰資訊, 2021.04
　　面；　　公分
　　譯自：The Manager's Path
　　ISBN 978-986-502-789-6(平裝)
　　1.管理者　2.企業領導　3.組織管理
494.2　　　　　　　　　　　　　110005629